TECHNIKA

BÜCHER DER PRAXIS

HERAUSGEGEBEN VON DR. SACHTLEBEN

BAND 1

BACKPULVER

ZUSAMMENSETZUNG   HERSTELLUNG
UNTERSUCHUNG

VON

Dipl.-Ing. GERHARD HÄCKER

MIT 13 ABBILDUNGEN

VERLAG VON R. OLDENBOURG

MÜNCHEN 1950

INHALTSVERZEICHNIS

VORWORT

Die vorliegende kleine Schrift macht den Versuch, eine noch bestehende
Lücke in der Reihe der Fachbücher zu schließen. Über das Thema
„Backpulver" einen Überblick zu gewinnen, erfordert heute das Studium
sehr vieler und zerstreuter Einzeldarstellungen. Es wurde daher vom
Verfasser unternommen, eine zusammenfassende Darstellung dieses gesamten Gebietes unter Berücksichtigung des neuesten Standes zu versuchen. Dem Verfasser lag besonders daran, eine übersichtliche Gliede-
rung des Stoffes anzustreben, wobei er sich wohl bewußt war, daß
hierbei Wiederholungen nicht zu vermeiden sind. Daß die Darstellung
der Untersuchungsverfahren bei der Fülle des gerade hier vorhandenen
Materials nur eine das Grundsätzliche umfassende sein konnte, liegt
in der Natur der Sache und möge berücksichtigen, wer gerade aus diesem Gesichtspunkt das Buch in die Hand nimmt.

Wenn sowohl der Hersteller als auch derjenige, welcher mit der Beurteilung von Backpulvern zu tun hat, das Werkchen mit Nutzen zur
Hand nehmen kann, so glaubt der Verfasser seine Absicht erreicht zu
haben. Für Anregungen aus Fachkreisen, sowie für den Hinweis auf
Mängel oder Lücken wird der Verfasser dankbar sein.

München, im Oktober 1948.

Der Verfasser.

EINLEITUNG

Unter Backpulvern oder Triebsalzen versteht man Stoffe, welche eine Teiglockerung durch Gase — in den allermeisten Fällen durch Kohlensäure — herbeiführen, wobei die Entstehung dieser Gase durch Hitzeeinwirkung oder durch rein chemische Umsetzungen erfolgt, im Gegensatz zu der durch Sauerteig oder Hefe entwickelten Kohlensäure, die ihren Ursprung einem biologischen Vorgang — der Gärung — verdankt und auch zum Unterschied von den sog. „Backhilfsmitteln", deren Aufgabe es ist, als Zusätze zum Mehl oder Teig die Hefe- oder Sauerteiggärung anzuregen oder nur eine zusätzliche Lockerung des Teigs zu bewirken. Nur von den eigentlichen Backpulvern soll in dem vorliegenden Buch die Rede sein.

Die erste Veranlassung zur Verwendung chemischer Stoffe für die Teiglockerung gab die aus der Kenntnis der Hefeteiggärung sich ergebende Schlußfolgerung vom Auftreten von Stoffverlusten, die mehrere Prozente (1—3%) betragen und nach E b a c h [1] allein in Deutschland 2 Millionen Doppelzentner Brottrockenmasse im Jahr ausmachen. Diese Verluste spielen natürlich in Zeiten von Ernährungskrisen eine besonders schwerwiegende Rolle, und so wurde schon im ersten Weltkrieg durch eine Verordnung vom 16. Dezember 1915 die Verwendung von Hefe zur Kuchenbereitung verboten. Der Anstoß hierzu ging von W a. O s t w a l d [2] aus und fand in der Fachpresse großen Widerhall. Nach Ostwald entstehen bei der Hefeverwendung zum Brotbacken auf zweierlei Weise Verluste:

1. wird Hefe aus für die Ernährung wichtigen Stoffen hergestellt;

2. entstehen beim Gärverlauf an sich Stoffverluste, die mit 1—3% angegeben werden. Bei nur 1% bedeutet dies bei einem jährlichen Verbrauch von 10 Millionen Tonnen Brotgetreide schon 100 000 Tonnen Mehlverlust.

H a s t e r l i k [3] weist jedoch mit Recht auf das wenig Stichhaltige dieser Beweisführung hin und macht geltend, daß Hefe aus Getreide und anderen Rohstoffen hergestellt wird, die sich für die menschliche Ernährung ihrer Art nach nicht eignen. Die durchschnittliche, meist benutzte Einmaischung besteht aus 50% Mais, 30% Gerste und 20% Malzkeimen. Als Einmaischgerste dient Futtergerste mit einem Hektolitergewicht von 60 kg und darunter; eine solche Gerstenart kommt für Brotbereitung überhaupt nicht in Frage; die für die Hefenerzeugung aus solcher Gerste abfallenden Treber und die verwendeten Malzkeime dienen als Viehfutter und werden auf dem Umweg über das Tier der menschlichen Ernährung ohnehin nutzbar gemacht. Hasterlik fährt dann fort: „Wenn auch die Verluste an vernichteten Brotstoffen durch den Gärvorgang ins Gewicht fallen, so ist doch der Weg, auf welchem die Erhaltung dieser Stoffe durch Ausschaltung der Hefe und Einschaltung von Triebsalzen angestrebt wird, ein Irrweg, da die für die Teiglockerung verwendeten chemischen Stoffe viel mehr Kosten verursachen würden, als der verlorenen Brotstoffmenge entspricht."

Hüten wir uns also vor einer Überschätzung der Verwendbarkeit chemischer Triebsalze! Bei der Brotbereitung bewirkt die Hefe- und Sauerteiggärung eine erhebliche Geschmacksverbesserung und die Ausgestaltung des Gebäcks ist eine viel vollkommenere.

Die Domäne der Backpulververwendung ist die Kuchenbereitung bzw. die Feinbäckerei überhaupt. Die Hefe versagt nämlich dort, wo es sich um fettreiche Teige handelt, die außerdem viel Zucker und Zutaten wie Rosinen, Mandeln u. dgl. enthalten.

Müssen besondere Umstände berücksichtigt werden, können Triebsalze weiterhin Vorteile bringen:

So ist die Herstellung eines Hefenteiges an die Einhaltung einer bestimmten mittleren Raumtemperatur und an eine lauwarme Verwendung der Zutaten gebunden. Ferner muß der Hefeteig noch eine Gare von 2 bis 3 Stunden durchmachen, ehe er backfähig ist. Er verträgt kein langes Stehenlassen in der Wärme, sonst leidet der Teig. Andererseits ist der Teig wieder gegen Abkühlung (Luftzug) sehr empfindlich.

Richtig hergestellte Triebsalze machen den Hersteller von der Einhaltung obiger Bedingungen unabhängig, es ist auch keine Gare erforderlich und der Teig kann sofort verbacken werden. Dazu kommt noch, daß Backpulvergebäck nach Abkühlung sofort genossen werden kann, während frisches Hefegebäck für manche Menschen schwer verdaulich ist oder Magenbeschwerden hervorruft.

Backpulverteige vertragen ein längeres Stehenlassen vor dem Verbacken, und die Verwendung von Backpulver ist mit einer Ersparnis an Eiern verbunden, sofern diese als Schnee verwendet werden sollen. 10 g Triebsalz ersetzt als Lockerungsmittel 3—4 Eier.

Endlich kann noch darauf hingewiesen werden, daß Backpulver wesentlich länger lagerfähig ist als Hefe.

I. ABSCHNITT

DIE ZUSAMMENSETZUNG DER BACKPULVER

A. ALLGEMEINES

Wie schon erwähnt, handelt es sich bei der überwiegenden Anzahl der Backpulver um Stoffe oder Mischungen von Einzelstoffen, die in der Lage sind, gasförmige Kohlensäure zu entwickeln. Es sei an dieser Stelle ein kurzer geschichtlicher Rückblick gestattet:

Die erste Verwendung von Backpulver erfolgte im ersten Drittel des 19. Jahrhunderts und zwar in Form von — Taubenmist! R u h m o h r [4] beschreibt dessen Verwendung mit folgenden Worten: „Die Franzosen, vornehmlich die Pariser, bedienen sich zum Auflockern ihrer Semmelbrote des Taubenmistes, welcher den Teig mit Luft erfüllt, die Teigmasse an die Oberfläche treibt, wo sie alsdann zu einer hohlen Kruste oder Rinde ausgebacken wird. Diese Rinde wird hierdurch freilich sehr trocken, ausgebacken und eben deshalb sehr schmackhaft und verdaulich. Übrigens mögen die Ärzte entscheiden, ob nicht der hitzige Taubenmist bei fortgesetztem Genusse die Gesundheit beeinträchtigen könne." Offensichtlich handelt es sich bei diesem „Backpulver" um die Wirksamkeit von im Taubenmist enthaltenen Ammoniumsalzen, die uns noch weiter unten beschäftigen werden.

Nach einer englischen Quelle machte Henry in Manchester 1843 zuerst den Vorschlag, dem Teige eine bestimmte Menge Salzsäure und Soda beizufügen, die sich unter Bildung von Kochsalz und gasförmiger Kohlensäure umsetzen.

Liebig griff diesen Vorschlag ebenfalls auf, wies aber auf die Verwendung reinster Salzsäure, besonders ohne Arsengehalt, hin. Später schlug er und auch Hersford statt Salzsäure saures Phosphat vor. Das Hersfordsche Backpulver bestand aus Kaliumphosphat als Säurebestandteil und Natriumbikarbonat als Kohlensäureträger. Liebig trat besonders deshalb für die Verwendung von Backpulver ein, weil dadurch dem Mehl wieder die Phosphorsäure zugeführt werden könne, die bei der Vermahlung als phosphatreiche Kleie verloren geht. In der Mehlasche ist aber die Phosphorsäure an Kalium gebunden und um auch dieses Element wieder dem Brot hinzuzufügen setzte Liebig noch Chlorkalium zu und zwar in einer Menge, welche die Umsetzung dieses Salzes mit dem Natriumbikarbonat zu Kochsalz und Kaliumbikarbonat gestattet. Das Hersford-Liebigsche Backpulver bestand demzufolge aus saurem Kaliumphosphat und einem Gemisch von 500 g Natriumbikarbonat und 443 g Chlorkalium. Auf 100 Pfund Mehl wurden 1500 g Kaliumphosphat und die Natriumbikarbonat - Chlorkalium - Mischung verwendet. In dieser Zusammensetzung reicht aber die Bikarbonatmischung nicht aus, um alle Säure zu binden. Das mit diesem Backpulver hergestellte Brot hat daher einen säuerlichen Geschmack.

In England fand 1856 ein von Dauglish angegebenes Verfahren Eingang, welches im Einpressen von Kohlensäure in den Teig bestand. Das so hergestellte „aereted bread" hatte einen faden Geschmack, der durch Zugabe von Kochsalz verbessert werden mußte. Ein solches Brot wurde noch in den zwanziger Jahren dieses Jahrhunderts hergestellt.

Aus den bereits oben erwähnten Gründen nahm die Backpulvererzeugung während des ersten Weltkrieges einen enormen Aufschwung, gleichzeitig gelangte aber damals infolge Mangels an bisher aus dem Ausland eingeführten hochwertigen Rohstoffen eine Flut von minderwertigen Erzeugnissen auf den Markt, so daß die Aufstellung von „Richtlinien" notwendig wurde, in denen sowohl eine genaue Umgrenzung des Begriffes „Backpulver" vorgenommen wurde, als auch ganz bestimmte Anforderungen festgelegt wurden, die an Beschaffenheit und Zusammensetzung von Backpulvern gestellt werden müssen. Diese Richtlinien spielen auch heute noch bei Versagung und Erteilung von behördlichen Genehmigungen eine große Rolle. Es kann jedoch nicht verschwiegen werden, daß die Richtlinien nach Ansicht mancher Fachkreise in einzelnen Punkten als überholt anzusehen sind und im Interesse der Herstellerfirmen einer Neufestlegung bedürften. Einzelne Punkte dieser Richtlinien werden uns im Verlaufe dieser Darlegungen noch öfter zu beschäftigen haben. Sie seien daher bereits an dieser Stelle mitgeteilt[5].

a) Backpulver sollen in der für 0,5 kg Mehl bestimmten Menge mindestens 2,35 g wirksames Kohlendioxyd enthalten (entsprechend einem Volum von 1200 ccm bei 0° C und einem Luftdruck von 760 mm Quecksilber), jedoch höchstens 2,85 g (entsprechend 1450 ccm). Natriumbikarbonat enthaltende Backpulver sollen so viel Kohlensäure austreibende Stoffe enthalten, daß der Überschuß an Karbonat höchstens 0,8 g Natriumbikarbonat entspricht.

b) Als Kohlensäure austreibende Mittel sind Sulfate, Bisulfate, Alaun und Aluminiumsalze unzulässig, desgleichen Milchsäure, sofern sie in einem mineralischen Aufsaugemittel enthalten ist.

c) Solange Mehl oder Kartoffelmehl nicht freigegeben ist, ist als Trennmittel ein Zusatz von reinem, gefälltem, kohlemsaurem Kalk bis zu einem Gehalt von 20% der Gesamtmenge des Backpulvers zulässig. Kalziumsulfat (Gips) und Trikalziumphosphat sind als Nebenbestandteile saurer Phosphate nicht zu beanstanden. Kalziumsulfat darf als Hydrat (Gips) einen Anteil von 10% nicht übersteigen. Das Gesamtgewicht eines phosphathaltigen Backpulvers darf im allgemeinen 18 g, sofern mehr als 0,45 g Ammoniak enthaltend, 13 g nicht übersteigen.

d) In den Backpulvern sind Ammoniumverbindungen mit Ausnahme von Sulfat insoweit zulässig, als ihr gesamter Ammoniakgehalt beim Backprozeß frei gemacht wird, unbeschadet geringer Mengen, die durch die sauren Salze gebunden werden.

e) Mittel von der Zusammensetzung von Backpulvern müssen als Backpulver bezeichnet werden; andere Bezeichnungen sind irreführend.

f) Aromenhaltige und gewürzte Backpulver sind nicht zuzulassen.
Welches sind nun die Anforderungen, die der Verbraucher, also der Bäcker oder die Hausfrau an ein gutes Backpulver stellen müssen?

1. Neben der Entwicklung einer für den Teigtrieb genügenden Menge Kohlensäure, darf diese Entwicklung weder zu langsam noch zu rasch erfolgen. Geschieht sie zu langsam, bzw. erst nach Erreichen einer höheren Temperatur, so ist die Verfestigung des Gebäcks bereits eingetreten, wenn noch Kohlensäure entwickelt wird. Die Folge ist, daß sich im Backwerk neben unaufgegangenen Stellen größere Löcher oder Zerreißungen der Rinde ausbilden. Ist die Kohlensäureentwicklung überhaupt ungenügend, so bleibt der Kuchen „sitzen". Ein gut arbeitendes Backpulver muß dem Gebäck eine feinporige, lockere Beschaffenheit verleihen. Hierzu ist notwendig, daß bereits in der Kälte, beim Bereiten des Teiges ein großer Teil der Kohlensäure entwickelt wird und zwar langsam und gleichmäßig. Diese Eigenschaft nennt man den „Vortrieb" des Backpulvers. Der Rest der Kohlensäure wird meistens erst beim gelinden Erwärmen entwickelt und wird „Nachtrieb" genannt. Tillmanns und Guettler[6] haben in einer interessanten und aufschlußreichen Arbeit die Wirkungsweise von Triebsalzen untersucht: Das beste Backpulver ist ein solches, das in der Kälte $^3/_4$ seiner Kohlensäure im Verlauf von 5 Minuten entwickelt und den Rest, ev. in gelinder Wärme, in weiteren 15 Minuten. Bei Backpulvern, welche ihr Kohlendioxyd erst bei höheren Temperaturen entwickeln, kann nur die Kohlensäuremenge wirksam sein, welche innerhalb 25 Minuten bei 40⁰ C bis höchstens 60⁰ C entwickelt wird.

Das später oder bei höherer Temperatur entweichende Gas muß in das schon feste Gebäck Löcher reißen, sie nützt daher nichts mehr.

Diese Verhältnisse werden uns bei der Beschreibung der verschiedenen Backpulvertypen nochmals beschäftigen.

2. In einem guten Triebsalz dürfen keine Stoffe enthalten sein oder sich im Verlaufe der chemischen Umsetzung bilden, die dem Gebäck einen laugenhaften, seifigen oder sonstwie schlechten Geschmack oder Geruch, etwa nach Ammoniak, verleihen. Es darf selbstverständlich auch keine sandigen Bestandteile enthalten.

3. Ein Backpulver muß längere Zeit lagerfähig sein, ohne an Wirksamkeit einzubüßen. Ebensowenig darf es hart oder klumpig werden oder Feuchtigkeit an sich ziehen.

Um ein Qualitätsbackpulver zu erzeugen, sind also eine ganze Reihe von Gesichtspunkten zu beachten, denen von manchen Herstellern leider nicht immer in genügendem Maße Rechnung getragen wird.

B. EINFACHE TRIEBSALZE

Bei dieser Gruppe handelt es sich um solche chemische Verbindungen, die für sich allein bei gelindem Erwärmen oder oft auch schon bei nur wenig erhöhter Raumtemperatur Gase, auch hier zumeist Kohlendioxyd, abgeben. Sie stehen im Gegensatz zu den zusammengesetzten Pulvern, bei denen erst durch eine chemische Umsetzung beim Auflösen in einem wässerigen Mittel, also bei der Teigbereitung, das Gas entwickelt wird.

1 AMMONIUMTRIEBSALZE

Diese stellen die weitaus verbreitetsten Backtriebmittel dieser Gruppe dar, und unter ihnen stehen die Verbindungen des Ammoniaks mit Kohlensäure an erster Stelle.

Der wichtigste Vertreter dieser Ammoniumkarbonate ist das sog. Ammoniumsesquikarbonat, das kohlensaure Ammon des Handels. Seine pharmazeutische Bezeichnung ist Ammonium carbonicum. Unter dem Namen „Hirschhornsalz" ist dieses Triebmittel am meisten bekannt. Der Name ruhrt davon her, daß dieses Salz früher durch eine sog. trockene Destillation stickstoffhaltiger Tierstoffe (Hörner, Klauen usw.) gewonnen wurde. Heute wird es meist folgendermaßen hergestellt: Man erhitzt ein Gemenge von 1 Teil Ammonsulfat, etwa 2 Teilen geschlämmter Kreide und ein Achtel des Gesamtgewichts Holzkohlenpulver in Gußeisenretorten langsam auf Rotglut. Die Dämpfe werden in gekühlten Bleikammern verdichtet und das Salz aus Eisenkesseln mit Bleihaube bei 70^0 C sublimiert. Auch direkt aus Gaswasser wird das Salz gewonnen, indem man das daraus abgetriebene Ammoniakgas

14

gleichzeitig mit Kohlendioxyd absorbiert und aus der angereicherten Salzlösung das Salz bei etwa 70⁰ C absublimiert.

Das käufliche Ammonkarbonat des Handels, das Hirschhornsalz, ist kein reines Erzeugnis, sondern eine Mischung von Ammonbikarbonat und karbaminsaurem Ammonium. Und zwar gibt es zwei Sorten:

$$\text{2 NH}_4\text{HCO}_3 \cdot \text{CO(NH}_2) \cdot \text{ONH}_4 \text{ mit 28,81\% Ammoniak (NH}_3)$$
$$\text{und} \quad \text{NH}_4\text{HCO}_3 \cdot \text{CO(NH}_2) \cdot \text{ONH}_4 \text{ mit 32,48\% Ammoniak.}$$

Wie schon aus der Formel hervorgeht, enthält dieses Salz außer Kohlensäure noch Ammoniak, eine ebenfalls flüchtige Verbindung. Für Backpulver geeigneter ist natürlich das an Ammoniak ärmere. Dieses löst sich bei 15⁰ C in 4 Teilen Wasser, bei 60⁰ C in 1,6 Teilen. Das trockene Salz verflüchtigt sich schon ab 60⁰ C vollständig unter Abgabe von Kohlensäure und Ammoniak. Aus der wässerigen Lösung entweicht bei 75⁰ C Kohlensäure und bei 85⁰ C auch Ammoniak, bei weiterem Kochen verflüchtigt sich das Salz ebenfalls vollständig. Auf dieser Eigenschaft beruht seine Verwendbarkeit als Backtreibmittel.

Hirschhornsalz kann jedoch nur zur Herstellung von Flachgebäck (Kekse, Lebkuchen), das scharf gebacken wird, Verwendung finden. Im Hochgebäck, das zudem meist bei geringerer Hitze gebacken wird, bleibt eine nicht unbeträchtliche Menge Ammoniak im Backwerk zurück und beeinträchtigt dessen Geschmack in erheblichem Maße. Es konnte auch festgestellt werden, daß die Kohlensäure fast allein teiglockernd wirkt, während das Ammoniakgas unter den Bedingungen des Backvorgangs sogar eher eine hemmende Wirkung ausübt.

Die Angaben darüber, wieviel Hirschhornsalz auf ein Pfund (½ kg) Mehl zur Erzielung einer genügenden Triebwirkung verwendet werden muß, schwanken zwischen 7 und 15 g. Die letztere Angabe ist nach Ansicht des Verfassers viel zu hoch. Wenn ein Backpulverbeutel für ½ kg Mehl 10 g Hirschhornsalz enthält, ist allen Anforderungen Genüge getan! In den allermeisten Fällen wird die untere Grenze mit 7 g genügen.

Backtechnisch noch besser als das Hirschhornsalz ist das reine Ammoniumbikarbonat; auch saures kohlensaures Ammon genannt:

$$\text{NH}_4\text{HCO}_3.$$

Dieses Salz wird hergestellt, indem man Ammoniakgas, Kohlensäure und Wasserdampf im richtigen Verhältnis in von außen gekühlte Kammern leitet. Das feste Karbonat setzt sich dort in dicken Krusten ab. Vollkommen geruchloses Ammonbikarbonat wird erhalten, wenn man das durch Einleiten von Kohlendioxyd in starke Ammoniaklösung erhaltene kristallinische Bikarbonat nach der Trennung von der Mutterlauge in noch feuchtem Zustand mit Kohlendioxyd unter Druck behandelt.

Das Ammonbikarbonat ist in Form kleiner farbloser Kristalle oder als feingemahlenes Pulver im Handel. Beim offenen Lagern an der Luft verdunstet es langsam ohne Änderung seiner Zusammensetzung und ist beim Erhitzen auf 60° C vollständig flüchtig. Das Salz riecht weniger stark nach Ammoniak als das Hirschhornsalz und enthält weniger Ammoniak als dieses, weshalb es sich als Backpulver noch besser eignet, hauptsächlich in feingemahlener Form. Auch Ammonbikarbonat sollte tunlichst nur für Flachgebäck verwendet werden, wenn auch die Belästigung durch den Ammoniakgeruch bzw. -geschmack hier geringer ist. Ammonbikarbonat ist unter der Bezeichnung A-B-C-Trieb ebenfalls bekannt und weit verbreitet. Es kann auch vorteilhaft in Form von Tabletten gepreßt verwendet werden. In dieser Form ist infolge der geringen Oberfläche der Verlust durch Verdunsten geringer als beim feinen Pulver, und die beim Ammonbikarbonat ohnedies größere Haltbarkeit noch vermehrt.

Ein weiteres Ammonsalz, das Chlorammonium, wird uns noch bei der Besprechung der zusammengesetzten Triebsalze beschäftigen.

2. NATRIUMBIKARBONAT („NATRON") UND KALIUMKARBONAT (POTTASCHE)

Wenn man erfährt, daß Natriumbikarbonat in wässeriger Lösung bereits oberhalb 60° C lebhaft Kohlensäure abgibt, könnte die Meinung entstehen, dieses Salz sei auch allein als Teigtriebmittel zu verwenden. Bei Betrachtung der den Vorgang der Erhitzung ausdrückenden chemischen Formel, nämlich

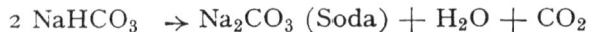

$$2\ NaHCO_3\ \rightarrow\ Na_2CO_3\ (Soda) + H_2O + CO_2$$

zeigt sich jedoch, daß nur ein Teil der Kohlensäure des Bikarbonats entweicht, der Rest jedoch wieder gebunden wird und zwar unter Bildung von S o d a ! Soda bleibt aber auch bei noch so hoher Backtemperatur unverändert und verleiht dem Gebäck einen unangenehm seifigen Geschmack. Wenn in zusammengesetzten Backpulvern Natriumbikarbonat im Überschuß vorhanden ist, so entsteht daraus ebenfalls Soda, weshalb die Richtlinien mit gutem Grund die Höchstmenge an Natriumbikarbonat-Überschuß auf 0,8 g begrenzen.

Da jedoch Natriumbikarbonat als der fast ausschließlich verwendete Kohlensäureträger in fast allen zusammengesetzten Backpulvern verwendet wird, sei bereits an dieser Stelle das Wissenswerte über dessen technische Herstellung mitgeteilt:

Natriumbikarbonat fällt als Zwischenprodukt beim sog. Ammoniaksodaverfahren (Solvay-Verfahren) an, bei dem Kochsalzlösung mit Ammoniak und Kohlensäure behandelt wird. Es wird aus dem Rohbikarbonat, das stets nach Ammoniak riecht, durch Umkristallisieren aus 60—70⁰ C warmem Wasser in einem geschlossenen Druckgefäß (zur Verhütung von Kohlensäureverlusten), Abschleudern der Kristallmasse und Trocknen bei höchstens 45⁰ C erhalten. Im Handel wird Natriumbikarbonat oft einfach als „Natron" bezeichnet.

Das Kaliumkarbonat oder die Pottasche wird als Triebmittel bei der Herstellung von länger lagerndem Kleingebäck wie Pfefferkuchen, Lebkuchen usw. gerne verwendet. Als Backpulver fertig abgepackt ist es kaum im Handel. Nach Hasterlik[3] beschränkt sich seine Verwendung, meist mit Hirschhornsalz zusammen, nicht nur auf die Teiglockerung, welche durch freiwerdende Kohlensäure aus der Pottasche in Wechselwirkung mit durch Gärungsvorgängen im Teig entstehenden organischen Säuren, hervorgerufen wird, sondern sie liegt auf noch nicht völlig geklärten Gebieten, die mit der alkalischen Reaktion des Salzes zusammenhängen. Diese beeinflußt den Geschmack des Teiges in gewünschter Weise und hat auch auf seine Bildsamkeit Einfluß. Pottasche liegt also mehr auf der Grenze zwischen Backpulvern und eigentlichen Backhilfsmitteln.

Sofern Pottasche, wie dies früher allgemein üblich war, aus der Asche von Wollwaschwässern hergestellt ist, besteht oft der Verdacht eines Arsenikgehalts, der dann vorhanden ist, wenn Wolle von Schafen verarbeitet wird, die gegen Räudekrankheit mit arsenhaltigen Mitteln behandelt wurden. Wird Wolle nicht von lebenden sondern toten Tieren verwendet, so kann durch arsenhaltige Enthaarungsmittel dieser Giftstoff in die Pottasche gelangen. Die größere Menge Pottasche wird jedoch aus Schlempekohle und bei großtechnischer Herstellung auf elektrolytischem Wege über das Kaliumchlorid gewonnen.

3. PHOSPHATE

Während zahlreiche Salze der Phosphorsäure eine große Rolle in zusammengesetzten Backpulvern spielen, ist es nach dem D.R.P. 286914 vom Jahre 1914 (Dr. W. Esch-Hamburg) möglich, ein künstlich verwittertes sekundäres Natriumphosphat direkt als Backpulver zu benützen. Zur Herstellung dieses Backpulvers wird nach der Patentschrift sekundäres Natriumphosphat bei mäßiger Wärme mit Kohlendioxyd behandelt. Dieses Backpulver soll durch Feuchtigkeit nicht un-

brauchbar werden und gibt beim Erhitzen die aufgenommene Kohlensäure wieder ab. Während gewöhnliche Backpulver nur 11 % Kohlendioxyd entwickeln, soll das künstlich verwitterte Natriumphosphat 21 %
abgeben. Hierbei entsteht das normale Phosphat, das einen angenehm
kühlen und salzigen Geschmack besitzt und das Gebäck frisch erhält.

4. AZETONDIKARBONSÄURE

Nach einer Mitteilung von E. O. Wiig[7], Universität Wisconsin, soll
sich Azetondikarbonsäure als Backpulver sehr gut eignen. Diese Säure
läßt sich aus Zitronensäure durch Behandeln mit rauchender Schwefelsäure herstellen und zerfällt beim Erhitzen vollständig in Kohlensäure
und Azeton. Der Anteil an Kohlensäure beträgt 13—15 %. Das Azeton
ist ebenfalls flüchtig und soll ohne Geschmacksbeeinträchtigung in der
Backhitze entweichen.

Nach Ebach[1] soll jedoch der Azetongeruch an der Gebäckkrume haften
bleiben, wie sich in der Praxis gezeigt habe und die Güte des Backwerks
dadurch leiden. Dem Verfasser ist nicht bekannt, ob in Deutschland
die Verwendung dieser Säure als Backpulver irgendeine praktische Nutzanwendung gefunden hat. Nach vorstehenden Erwägungen könnte sie
jedenfalls nur mit denselben Einschränkungen empfohlen werden, wie
die Verwendung Ammoniak entwickelnder Substanzen, d. h. also für
Flachgebäck, das bei hoher Hitze gebacken wird.

Bei der ganzen Gruppe, der in diesem Abschnitt besprochenen Triebmittel handelt es sich also im Sinne der Arbeit von Tillmanns und
Guettler um solche, deren Kohlensäure erst in der Backhitze frei wird,
daher auch ihre meist beschränkte Verwendbarkeit. Charakteristisch für
die ganze Gruppe ist das fast völlige Fehlen des „Vortriebes".

C. ZUSAMMENGESETZTE TRIEBSALZE

1. ALLGEMEINES

Hierher gehört weitaus die Mehrzahl aller im Handel befindlichen Backpulver. Zahllos sind die Kombinationsmöglichkeiten und dementsprechend die Rezepte und erteilten in- und ausländischen Patente. Es
können im Rahmen dieses Buches natürlich nur die typischen Vertreter
der einzelnen Gruppen in ihren gebräuchlichsten Zusammensetzungen
besprochen werden.

Allen zusammengesetzten Backpulvern ist gemeinsam die Verwendung
eines kohlensäureabgebenden Stoffes, wofür so gut wie ausschließlich
das Natriumbikarbonat verwendet wird, und eines „Kohlensäure-Austreibers". Hierzu dienen mit wenigen Ausnahmen Säuren oder sogenannte

saure Salze, also solche, die durch Verbindung eines Alkalis mit einer Säure anorganischen oder organischen Ursprungs erhalten werden, so daß die Säure nicht ganz abgesättigt wird, sondern das Salz noch die sauren Eigenschaften derjenigen Säure hat, aus der es entstanden ist, jedoch in abgeschwächter Form. Solche sauren Salze bilden aber nur die sog. „mehrbasischen" Säuren. Bei den anorganischen Säuren sind dies diejenigen, welche mehr als ein Wasserstoffatom im Molekül enthalten, also z. B. die Schwefelsäure H_2SO_4, die das saure Salz $NaHSO_4$, das Natriumbisulfat, bilden kann. Bei den organischen Säuren sind es diejenigen, welche mehr als eine sog. Karboxylgruppe $COOH$ enthalten, wie z. B. die Weinsäure, die ebenfalls saure Salze bilden kann, unter denen der sog. Weinstein am wichtigsten ist.

Die Gründe, warum Natriumbikarbonat mit einem sauren Bestandteil kombiniert werden muß, sind z. T. bereits weiter oben erwähnt.

Einmal bildet sich beim Erhitzen von Natriumbikarbonat allein das die Farbe und den Geschmack des Backwerkes stark beeinträchtigende Natriumkarbonat, die Soda, zum andern besitzt Natron allein keinerlei Vortrieb. Beide Mängel werden durch die Verbindung mit einem „Kohlensäureaustreiber" beseitigt: Statt der Soda entstehen mit der Säure oder dem Säurerest des sauren Salzes die geschmacklich entweder indifferenten oder angenehm schmeckenden Natriumsalze der betreffenden Säure. Außerdem entwickelt sich beim Bereiten des Teiges schon in der Kälte genügend Kohlendioxyd, so daß der Vortrieb gewährleistet ist.

Aus dem Gesagten geht ohne weiteres hervor, daß für die Triebkraft des Backpulvers in allererster Linie der Kohlensäurelieferant maßgebend ist, d. h. die Menge des im Backpulver enthaltenen Natriumbikarbonats. Ist dessen Menge zu gering, so ist keine noch so große Säuremenge imstande, dem Backpulver eine genügende Triebkraft zu verleihen! Fehlt umgekehrt die zur Umsetzung mit der an sich ausreichenden Menge Natron notwendige Säuremenge, so kann zwar die Triebwirkung noch eine genügende sein, sie entsteht aber aus der direkten Zersetzung des Natriumbikarbonats unter Bildung von Soda, und es findet die bekannte Beeinträchtigung des Geschmackes statt. Ist jedoch mehr Säurekomponente im Pulver enthalten, als zur Umsetzung mit dem Natron notwendig ist, so erteilt die überschüssige Säure dem Gebäck einen sauren Geschmack und kann es auf diese Weise verderben.

Daraus erhellt, daß bei der Backpulverherstellung der größte Wert auf eine genaueste Abstimmung von Natriumbikarbonat und Säurekomponente zu legen ist.

Bereits bei der Erwähnung der Richtlinien ist gesagt, daß als notwendige Menge Kohlendioxyd zur Lockerung eines Teiges aus $1/2$ kg Mehl eine solche zwischen 1200 und 1450 ccm angesehen wird. Diese Menge entspricht einem Kohlendioxydgewicht zwischen 2,35 und 2,85 g oder einer Menge an Natriumbikarbonat von rund 4,5 bis rund 5,5 g. In zahlreichen Rezepten werden Bikarbonatmengen bis zu 7,5, ja vereinzelt sogar bis über 11 g angegeben, eine Menge, die für alle normalen Zwecke als entschieden zu hoch bezeichnet werden muß.

K. Ebach zitiert in seiner bereits mehrfach erwähnten Arbeit die Ansicht von Dr. Flebbe, Bielefeld, die dieser auf der 73. Arbeitstagung der Arbeitsgemeinschaft Westfalen der Deutschen Lebensmittelchemiker äußerte. Nach den praktischen Erfahrungen Dr. Flebbes ist es nicht angängig, ein Backpulver mit weniger als 2,35 g wirksamer Kohlensäure zu beanstanden. Allein maßgebend, so fordert Flebbe, ist der praktische Backversuch. Mengen bis 1,8 g Kohlendioxyd seien noch ausreichend. Diese Menge würde rund 3,5 g Natriumbikarbonat entsprechen. Der Verfasser kann auf Grund zahlreicher durchgeführter Backpulveruntersuchungen und vergleichender Backversuche diese Ansicht voll bestätigen und er möchte hier ebenfalls für eine Lockerung der Richtlinien eintreten. Die Schweiz verlangt als Mindestgüteforderung für Backpulver die Entwicklung von 1500 ccm Kohlendioxyd für 1 kg Mehl. USA. verlangt die Entwicklung von 12% des Backpulvergewichtes auf 1 Pfund Mehl, das würde bei dem üblichen Päckchengewicht von rund 15 g ebenfalls ungefähr der Angabe Flebbes entsprechen. Auf jeden Fall ist eine Bikarbonatmenge von 5 g auf 1/2 kg Mehl völlig ausreichend, und kein vernünftig rechnender Backpulverfabrikant wird darüber hinauszugehen brauchen.

2. WEINSTEIN UND WEINSÄURE

Wenn auch im gegenwärtigen Augenblick infolge Verknappung der hauptsächlich aus Frankreich eingeführten Weinsäure und deren Salzen Backpulver auf dieser Grundlage keine so große Rolle mehr spielen, so gelten doch die Triebmittel, welche vor allem mit Weinstein, dem sauren Kaliumsalz der Weinsäure, hergestellt werden können, als die weitaus besten.

Der Weinstein selbst, das saure Kaliumsalz der Weinsäure, auch unter den Bezeichnungen Kaliumbitartrat, Cremor tartari, Tartarus, im Handel, ist ein Naturprodukt. Er findet sich in den Rückständen der Weinbereitung und zwar in dem Faßrohweinstein, der sich beim Lagern des Weines in den Fässern abscheidet und in den Trestern, denen man an Ort und Stelle nach der Gewinnung des Trestersprits, mit kochendem Wasser den nach dem Erkalten auskristallisierenden Weinstein entzieht. Ferner kommt Weinstein in der meist in Säcken abgepreßten, sog. Teighefe vor. In allen Fällen wird zuerst Rohweinstein gewonnen, der noch Kalziumverbindungen enthält. Die Reinigung ist ziemlich umständlich und ihre Beschreibung würde hier zu weit führen. Der im Handel befindliche Weinstein ist etwa 98—99%ig.

Die Bildung von Kohlensäure aus Weinstein und Natriumbikarbonat im Backpulver erfolgt nach der Gleichung:

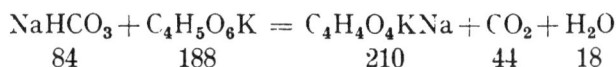

$$NaHCO_3 + C_4H_5O_6K = C_4H_4O_4KNa + CO_2 + H_2O$$
$$84 \qquad 188 \qquad\qquad 210 \qquad\quad 44 \qquad 18$$

Die unter dem Formelbild befindlichen Zahlen sind die Molekulargewichte, entsprechen also den stöchiometrischen Umsetzungsverhältnissen, d. h. 84 g Natriumbikarbonat setzen sich mit 188 g Weinstein zu 210 g Kalium-Natriumtartrat (Seignettesalz) um unter Bildung von 44 g Kohlendioxyd und 18 g Wasser. Wichtig sind für uns die Zahlen 84, 188 und 44, denn sie besagen, daß in einem Backpulver auf je 84 g Bikarbonat 188 g Weinstein gebraucht werden, um das erstere restlos zu zersetzen. Legt man die Menge Bikarbonat zugrunde, welche nach früheren Darlegungen zur Teiglockerung aus 1/2 kg Mehl genügt, nämlich 5 g, so errechnet sich eine Weinsteinmenge von 11,2 g, die theoretisch notwendig ist, um alle Kohlensäure auszutreiben. Natriumbikarbonat enthält theoretisch 52,4% Kohlensäure; da aber im Handel kaum ein absolut reines Salz zu haben ist und außerdem durch längere Lagerung Kohlensäureverluste entstanden sein können, rechnet man in der Praxis auf je 5 g Natriumbikarbonat 10 g Weinstein. Ein Überschuß von Weinstein muß vermieden werden, denn neben dem sich ergebenden sauren Geschmack des Gebäckes können dadurch auch Verfärbungen der Gebäckkrume entstehen.

Eine Mischung von Weinstein, Bikarbonat und Stärkemehl stellt das allbekannte Backpulver von Oetker dar.

Nach den schon früher erwähnten Untersuchungen von Tillmanns und Guettler ist das Weinsteintriebsalz das nahezu ideale Backpulver. Die Kohlensäureentwicklung erfolgt restlos in der Kälte, und zwar entstehen 3/4 der Kohlensäure innerhalb 5 Minuten, der Rest wird im Laufe der folgenden 15 Minuten vollends freigesetzt. Die langsame und stetige Kohlensäureentwicklung der Weinsteintriebsalze hat ihre Ursache u. a. in der verhältnismäßig schlechten Löslichkeit des Weinsteins in Wasser, so daß also bei der Teigbereitung sich immer nur kleine Mengen auflösen und mit dem Bikarbonat reagieren. Eine weitere Verzögerung entsteht durch die Beimischung der Stärke, die außerdem die Haltbarkeit des Pulvers erhöht. Näheres über die verzögernde Wirkung gewisser Beimischungen werden in einem besonderen Abschnitt besprochen werden. Weitere Rezepturangaben sind in dem III. Abschnitt im Zusammenhang besprochen.

Die Weinsäure, auch Weinsteinsäure, Dioxybernsteinsäure oder acidum tartaricum genannt, wird ebenfalls nur aus Naturprodukten gewonnen und zwar aus dem Rohweinstein nach Verfahren, deren Schilderungen ebenfalls den Rahmen dieses Buches übersteigen würde. Sie ist eine sog. zweibasische Säure und die Umsetzung mit Natriumbikarbonat erfolgt nach der Formel:

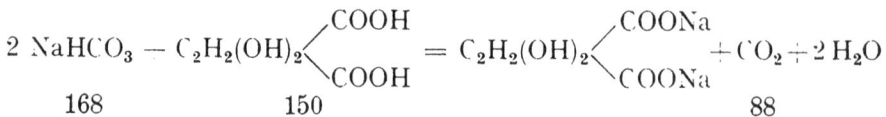

$$2 \, NaHCO_3 - C_2H_2(OH)_2 \diagup\substack{COOH \\ \diagdown COOH} = C_2H_2(OH)_2 \diagup\substack{COONa \\ \diagdown COONa} + CO_2 + 2 \, H_2O$$

$$\underset{168}{} \qquad \underset{150}{} \qquad\qquad\qquad \underset{88}{}$$

Wie aus den Mengenangaben unter der Formel ersichtlich, ist also bei Verwendung der Weinsäure auf eine Gewichtseinheit sehr viel weniger kohlensäureaustreibendes Mittel notwendig. Auf 5 g Bikarbonat ergibt dies nur rund 4,5 g Weinsäure. Die Weinsäure hat aber einmal eine sehr viel größere Löslichkeit als der Weinstein, zum andern wirkt eine Säure sehr viel stärker als ein saures Salz. Infolgedessen ist die Kohlensäureentwicklung einer reinen Bikarbonat-Weinsäuremischung sehr stürmisch, so daß die ganze Kohlensäure in zu kurzer Zeit freigesetzt wird und ein solches Backpulver keinen Nachtrieb zeigen würde. Außerdem ist die Weinsäure hygroskopisch, d. h., sie nimmt aus der Luft Feuchtigkeit auf, so daß das Triebsalz bereits vor seiner Verwendung reagieren würde und Packungen nicht mehr verkauft werden könnten. Deshalb müssen derartige Mischungen stets entweder Stoffe enthalten, welche die aufgenommene Luftfeuchtigkeit unwirksam machen oder solche, welche die Weinsäure mit einer Hülle umgeben und eine vorzeitige Reaktion der beiden Komponenten verhindern. Früher wurde oft zu dem Ausweg gegriffen, beide Substanzen in getrennten Packungen in den Handel zu bringen, in Doppeltüten oder dergleichen. Auf den Schutz der Weinsäure, welcher der Gegenstand einer Reihe von Patenten ist, wird ebenfalls noch zurückzukommen sein.

Die weinsauren Salze des Ammoniaks, das neutrale Ammoniumtartrat und das saure Ammoniumbitartrat, fanden auch schon Verwendung in der Triebsalzherstellung. Da diese Substanzen mit Natriumbikarbonat ebenfalls Kohlensäure und außerdem noch Ammoniak entwickeln, das erst in der Backhitze entweicht, versprach man sich von einer solchen Kombination einen verstärkten, zusätzlichen Nachtrieb. Doch auch hier gilt, was bereits bei der Besprechung der reinen Ammoniumtriebsalze erörtert wurde, nämlich, daß derartige Mischungen nur für Flachgebäck benützt werden sollten. Eine nennenswerte Rolle im Handel haben diese beiden Stoffe denn auch nie gespielt. In Verbindung mit Weinstein als Zusatz zu einem Backpulver für ganz bestimmte Spezialgebäcke ist jedoch meines Wissens ein ammoniumtartrathaltiges Backpulver von der Firma Oetker vertrieben worden.

3. ANDERE ORGANISCHE SÄUREN UND SAURE SALZE

Seit einer ganzen Reihe von Jahren ist statt der Weinsäure und zwar nicht erst seit deren Verknappung, sondern wegen ihres niedrigen Preises, die A d i p i n s ä u r e in immer stärkerem Maße für Backpulver verwendet worden. Adipinsäure läßt sich leicht und billig über das hydrierte Phenol, das Cyclohexanol durch Oxydation gewinnen. Sie ist in kaltem Wasser schwer löslich, also ähnlich dem Weinstein, und ist als haltbarer Kohlensäureaustreiber von stetiger Wirkung sehr beliebt. Sie gibt einen guten Vortrieb. In den letzten Jahren gehörte sie jedoch ebenfalls zu den ausgeprochenen Mangelstoffen. Die Umsetzung mit Bikarbonat erfolgt nach der Gleichung:

$$2\,NaHCO_3 + (CH_2)_4 {<}_{COOH}^{COOH} = (CH_2)_4 {<}_{COONa}^{COONa} + 2\,CO_2 + 2\,H_2O$$

$$168 \qquad 146 \qquad\qquad\qquad\qquad\qquad\qquad\qquad 88$$

also ganz entsprechend der Weinsäure. Da ihr Molekulargewicht niedriger ist, werden zur Umsetzung mit 5 g Natriumbikarbonat nur rund 4,3 g Adipinsäure benötigt, es liegt also hierin ein weiterer preislicher Vorteil.

Auch die sog. S c h l e i m s ä u r e ist für Triebmittel schon empfohlen worden, doch wird vor ihrer Verwendung infolge der erheblichen Schädigungen, welche sie verursachen kann, dringend gewarnt!

Sehr gut läßt sich auch die B e r n s t e i n s ä u r e verwenden, da sie gesundheitlich unbedenklich ist und z. B. vom staatlichen chemischen Untersuchungsamt der Stadt München als Backpulverbestandteil zugelassen wurde. Sie kommt, wie schon der Name sagt, im Bernstein vor, aber auch in einigen Braunkohlen- und Harzarten, sowie in vielen pflanzlichen und tierischen Säften. Sie ist ziemlich leicht löslich und bei ihrer Verwendung in Backpulvern empfiehlt sich der Zusatz eines Verzögerungsmittels wie bei der Weinsäure. Die Umsetzungsgleichung mit Natron lautet:

$$2\,NaHCO_3 + (CH_2)_2 {<}_{COOH}^{COOH} = (CH_2)_2 {<}_{COONa}^{COONa} + 2\,CO_2 + 2\,H_2O$$

Die theoretisch notwendige Menge zur Umsetzung von 5 g Bikarbonat ist infolge des noch niedrigeren Molekulargewichts wie das der Adipinsäure, noch günstiger; sie beträgt nur 3,5 g.

Auch die Zitronensäure kann verwendet werden, oder eines ihrer sauren Salze; als dreibasische Säure reagiert sie mit Bikarbonat folgendermaßen:

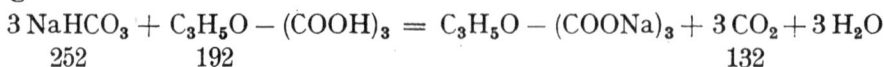

$$3\,NaHCO_3 + C_3H_5O - (COOH)_3 = C_3H_5O - (COONa)_3 + 3\,CO_2 + 3\,H_2O$$
$$\quad\ 252 \qquad\quad 192 \qquad\qquad\qquad\qquad\qquad 132$$

Infolge ihrer Eigenschaft als dreibasische Säure ist die aufzuwendende Menge für 5 g Natron trotz des hohen Molekulargewichts nur rund 3,8 g. Auch hier gilt indes das bei der Wein- und Bernsteinsäure Gesagte.

Die Zitronensäure wird oftmals schon am Gewinnungsort der Früchte dadurch hergestellt, daß man den frisch geschleuderten oder gepreßten Zitronensaft (mit 6—7% Zitronensäure, für Ausfuhr konzentriert auf 50%), mit kochender Kalkmilch behandelt, den sandig abgeschiedenen und gewaschenen zitronensauren Kalk in wässeriger Aufschwemmung mit verdünnter Schwefelsäure zerlegt und die vom abgeschiedenen Gips abfiltrierte Lösung der freien Säure in mehrstufigen Vakuumverdampfern konzentriert. Die auskristallisierte Säure wird in Wasser gelöst, mit Tierkohle entfärbt, im Vakuum eingedampft und in verbleiten Bottichen auskristallisiert. Soll die Säure chemisch rein sein, so muß die Lösung vor der Schlußkristallisation mit Hilfe von Blutlaugensalz oder Bariumsulfid vom Eisen befreit werden. Die Säure darf außerdem in diesem Fall nicht mit Bleiapparaturen in Berührung kommen.

In neuester Zeit ist eine ältere Methode wieder in Aufnahme gekommen und weiter ausgebaut worden: Die Vergärung von Traubenzucker, Rohrzucker oder Dextrin unter Mithilfe besonderer Gärungserreger und bei Gegenwart von Hefenährsalzen: DRP. 434729 und 461356. Nach einem Verfahren von C. Matignon enthält man Zitronensäure als Nebenprodukt bei der Aufarbeitung von Melasseschlempe und Weintrestern.

In dem Canad. Patent Nr. 345401 vom Jahre 1932 gibt die Firma Royal Baking Powder Co. die Verwendung von Anhydriden aus organischen Säuren an, die durch Erhitzen aus solchen Säuren gewonnen werden, die außer der Carboxylgruppe (—COOH) keinen Sauerstoff enthalten und welche nicht hygroskopisch sind. Genannt ist Bernsteinsäure-Anhydrid, das im kalten Teig nicht löslich ist, sondern erst beim Erwärmen, also eine Triebmittelmischung, deren Wirksamkeit im Nachtrieb besteht.

Die Verwendung von Phthalsäureanhydrid nennt das Amerik. Patent Nr. 2062039 vom Jahre 1936.

Die Firma Maize Products Co. ließ sich in ihrem Amerik. Patent Nr. 2170274/1939 die Verwendung von Phytinsäure schützen, die nach den Untersuchungen der Firma in zwei Stufen wirkt:

1. $C_6H_6(PO_4)_6H_{12} + 6\,NaHCO_3 = C_6H_6(PO_4)_6H_6Na_6 + 6\,CO_2 + 6\,H_2O$
2. $C_6H_6(PO_4)_6H_6Na_6 + 6\,NaHCO_3 = C_6H_6(PO_4)_6Na_{12} + 6\,CO_2 + 6\,H_2O$

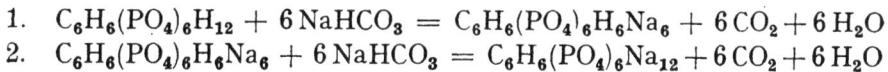

Die Stufe 1 erfolgt bereits bei der Teigbereitung, 2 erst beim Erhitzen im Ofen. Als günstige Mischung ist angegeben: 15% Phytinsäure, 23% Bikarbonat und 62% Stärke.

Die Phytinsäure selbst gehört zu einer Gruppe von Stoffen, zu denen auch die Inositphosphorsäure und das Phytin selbst gehören und welche in den letzten Jahren aus zahlreichen Pflanzen isoliert wurden und steigende Beachtung finden.

Die Milchsäure endlich fand als solche keinen Eingang in die Backpulverfertigung. Es lassen sich mit ihr keine haltbaren Produkte herstellen. Auch die Salze der Milchsäure, die allgemein zugänglich sind, wie das Kalziumlaktat, ergaben keine besseren Erfolge. Nur das Aluminiumsalz der Milchsäure, dessen Verwendung der Firma Boehringer Sohn durch DRP. 267 377 geschützt wurde, ist für Backpulvermischungen geeignet. Auch Kalziumlaktat in Verbindung mit einem sauren Phosphat soll sich nach dem Amerik. Patent der Royal Baking Powder Co. Nr. 1 427 979 vom Jahre 1920 eignen.

An Versuchen, die Milchsäure selbst in eine haltbare Form überzuführen, hat es ebenfalls nicht gefehlt. Schon Dr. B. Bleyer ließ sich durch DRP. 356 168 ein Backpulver schützen, in welchem eine Verbindung von Milchsäure mit Caseïn verwendet wird, die nach DRP. 344 707 hergestellt wird.

Das Amerikanische Patent Nr. 1 771 342/1929 von Collum und Rask beschreibt ein Verfahren zur Haltbarmachung von Milchsäure: Gelatinierte Stärke wird mit 45—48% Milchsäure zu einer Paste verarbeitet, diese getrocknet und körnig vermahlen. 70,1 Teile dieses Präparats werden dann mit 26,8 Teilen Natriumbikarbonat und 3,1 Teilen Füllstoffen zu einem Backpulver verarbeitet.

Versuche, Milchsäure durch anorganische Stoffe, wie Kieselgur usw. aufsaugen zu lassen und zu verwenden, führten zu so schlechten Ergebnissen, daß diese Methode sogar in den Richtlinien untersagt wurde.

Zum Schluß sei in der Reihe der sauren organischen Verbindungen noch ein Stoff erwähnt, der ebenfalls als saurer Backpulverbestandteil vorgeschlagen wurde. Er ist in dem bekannten Auskunftsbuch für die chemische Industrie von Blücher, Ausgabe 1942 (ohne weitere Quellenangabe) angeführt: Das Betaïn-Hydrochlorid, ein Stoff, der im Saft der Runkelrübe enthalten ist und auch aus der Rübenmelasse direkt als das Hydrochlorid durch Ansäuern leicht gewonnen werden kann. Betaïnhydrochlorid spaltet in wässeriger Lösung Salzsäure ab.

Nähere Rezepturen für die Verwendung dieses Stoffes sind dem Verfasser nicht bekannt. Als sicher kann aber angenommen werden, daß die freiwerdende Salzsäure als starke Säure eine ziemlich stürmische Entwicklung von Kohlendioxyd verursacht, so daß ein Triebmittel unter Verwendung dieser Verbindung ebenfalls nur unter Beachtung besonderer Vorsichtsmaßnahmen hergestellt werden kann.

4. DIE PHOSPHORSÄURE UND IHRE SALZE

Der hohe Preis der Weinsäure und ihrer Salze, sowie die Unmöglichkeit ihrer Einfuhr während des ersten Weltkriegs und die stets ungenügende eigene Erzeugung führten schon seit langer Zeit zur Anwendung von phosphorsauren Salzen in der Backpulverindustrie. Während und nach dem ersten Weltkrieg waren es hauptsächlich das Monokalziumphosphat, das Monoammoniumphosphat und das Dinatriumphosphat. Später kamen dann noch das Salz der Pyrophosphorsäure, das saure Natriumpyrophosphat und Natriummetaphosphat hinzu.

Bevor in die Besprechung der einzelnen Phosphorsalze eingetreten wird, ist es dringend notwendig, einige Betrachtungen über die Salzbildung der Phosphorsäure und die Eigenschaften der Salze, soweit sie für die Backpulverherstellung wichtig sind, anzustellen. Außerdem ist jede dieser Verbindungen unter verschiedenen Namen im Handel, sodaß es für den Hersteller oft sehr schwierig ist festzustellen, welche Verbindung er nun in Händen hat, und ob sie für seine Zwecke tatsächlich verwendbar ist.

Die Phosphorsäure von der Formel H_3PO_4 ist eine dreibasische Säure; die 3 Wasserstoffatome der Säure können nacheinander durch das für uns wichtige Natrium, Kalzium oder Ammonium ersetzt werden. Ferner ist wichtig, daß nun nicht etwa jedes der so entstehenden „sauren" Salze sich auch tatsächlich wie eine Säure verhält. Das ist nämlich durchaus nicht der Fall und hängt damit zusammen, daß die Phosphorsäure nur eine mittelstarke Säure ist. Es kann natürlich in diesem Zusammenhang nicht auf diese dem Chemiker wohlbekannten Tatsachen näher eingegangen werden. Wer sich dafür näher interessiert, sei an die üblichen Lehrbücher der Chemie verwiesen. Der Backpulverfabrikant muß aber wenigstens mit dem Tatsachenmaterial und den sich daraus ergebenden Folgerungen vertraut sein, wenn ihm nicht Ärger, Zeit- und Geldverlust durch unrichtigen Einkauf oder falsche Verwendung erwachsen soll!

Die drei wichtigsten Verbindungsreihen der Orthophosphorsäure und ihre verschiedenen Bezeichnungen lauten:

26

H_3-PO_4	=	Orthophosphorsäure oder kurz Phosphorsäure;
$Ca-(H_2PO_4)_2$	=	primäres oder zweifach saures Kalziumphosphat, Monokalziumphosphat, Kalziumdiphosphat oder -biphosphat, Kalziumdihydro- oder -dihydrogenphosphat, reagiert s a u e r;
$Ca-HPO_4$	=	sekundäres oder einfach saures Kalziumphosphat, Dikalziumphosphat, Kalziummonophosphat, Kalziumhydro- oder -hydrogenphosphat; reagiert a l k a l i s c h; sehr schwer löslich;
$Ca_3-(PO_4)_2$	=	tertiäres Kalziumphosphat, Trikalziumphosphat; reagiert a l k a l i s c h; sehr schwer löslich;
$Na-(H_2PO_4)_2$	=	primäres oder zweifach saures Natriumphosphat, Mononatriumphosphat, Natrumdi- oder -biphosphat, Natriumdihydro- oder -dihydrogenphosphat; reagiert s a u e r;
Na_2-HPO_4	=	sekundäres oder einfach saures Natriumphosphat, Dinatriumphosphat, Natriummonophosphat, Natriumhydro- oder -hydrogenphosphat; reagiert schwach a l k a l i s c h;
Na_3-PO_4	=	tertiäres Natriumphosphat. Trinatriumphosphat; reagiert stark a l k a l i s c h;
$NH_4-(H_2PO_4)_2$	=	primäres oder zweifach saures Ammoniumphosphat, Monoammoniumphosphat, Ammoniumdi- oder -biphosphat, Ammoniumdihydro- oder -dihydrogenphosphat; reagiert s a u e r;
$(NH_4)_2-HPO_4$	=	sekundäres oder einfach saures Ammoniumphosphat, Diammoniumphosphat, Ammoniummonophosphat, Ammoniumhydro- oder -hydrogenphosphat; reagiert a l k a l i s c h;
$(NH_4)_3-PO_4$	=	tertiäres Ammoniumphosphat. Triammoniumphosphat; reagiert stark a l k a l i s c h.

Es ist also wohl zu beachten, daß die Vorsilben „Mono" = einfach, oder „Di" oder „Bi" = zweifach ganz verschiedene Verbindungen bezeichnen können, je nach dem es z. B. heißt: Mono-Kalziumphosphat oder Kalzium-Monophosphat! Im ersteren Falle bezieht sich „Mono" auf das Kalzium, bezeichnet also das sog. primäre, s a u e r reagierende Salz; im zweiten Falle auf den sog. „Phosphorsäure-Rest", der also nur noch e i n m a l vorhanden ist, und bezeichnet das schwach alkalische, fast unlösliche sekundäre Phosphat. Dasselbe ist mit der Vorsilbe „Di" oder „Bi" der Fall: Nur bezeichnet hier Kalzium-Diphosphat das sauer reagierende primäre Salz, und Di-Kalziumphosphat das unlösliche sekundäre Salz.

Aus diesen Darlegungen geht mit aller Deutlichkeit hervor, daß praktisch nur die sauer reagierenden primären Verbindungen als Kohlensäureaustreiber in Frage kommen können. Wenn trotzdem die sekundären Phosphorsalze des Kaliums, Natriums und Ammoniums in Backpulvermischungen anzutreffen sind, so können sie hier nur als Zusätze dienen, wie wir sehen werden, nicht aber als alleinige Bestandteile zur Freimachung der Kohlensäure. Die alkalisch wirkenden tertiären Salze haben dagegen als wirksame Bestandteile in Backpulvern nichts zu suchen, sie entstehen vielmehr in manchen Fällen erst als Endprodukte der Zersetzung, können also zu Recht höchstens im fertigen Gebäck angetroffen werden.

Das am meisten verwendete Phosphat ist das Monokalziumphosphat (Kalziumdiphosphat). Es bildet auch den Hauptbestandteil des Düngemittels Superphosphat und kann direkt durch Auflösen von Kalziumkarbonat in Phosphorsäure hergestellt werden, oder durch Auflösen von sekundärem oder tertiärem Phosphat in einer Säure und Eindampfen der Lösung. Die Reaktion mit Natriumbikarbonat geht verhältnismäßig rasch vonstatten. Eine Verlangsamung der Einwirkung will die Firma Victor Chemical Works durch ihr USA.-Patent Nr. 2160232 vom Jahre 1939 dadurch erreichen, daß sie das feingemahlene, wasserfreie Salz auf eine Temperatur über 140 bis 180⁰ C erhitzt. Darauf wird eine halbe Stunde lang auf 200—220 Grad erhitzt, wobei sich auf den einzelnen Salzkristallen eine dünne, glasige Schicht von Pyrophosphat bildet, welche die Reaktion mit dem Bikarbonat verlangsamt.

Die Umsetzungsverhältnisse haben Grünhut[8] und später Tillmanns, Strohecker und Heublein[9] untersucht. Während man früher glaubte, die Kohlendioxydbildung erfolge nach der Gleichung:

$$4\,NaHCO_3 + Ca(H_2PO_4)_2 = CaNa_4(PO_4)_2 + 4\,CO_2 + 4\,H_2O$$

ergaben Bestimmungen der wirksamen Kohlensäure in den Mischungen, daß weniger vorhanden ist, als der Gleichung entspricht. Dies ist nur so zu erklären, daß nicht das tertiäre Phosphat, sondern nur das sekundäre gebildet wird. Die Gleichung muß also lauten:

$$2\,NaHCO_3 + Ca(H_2PO_4)_2 = Na_2HPO_4 + CaHPO_4 + 2\,CO_2 + 2\,H_2O$$

Diese Gleichung muß bei der Berechnung der für 5 g Bikarbonat aufzuwendenden Phosphatmenge zugrunde gelegt werden. Sie errechnet sich hiernach zu genau 6,97 g oder rund 7 g.

Es muß aber bei der Herstellung von Phosphatbackpulvern beachtet werden, daß Monokalziumphosphat im Handel nicht rein zu haben ist, sondern diese Ware immer ein Gemisch von Mono- und Dikalziumphosphat darstellt, das vielfach noch Triphosphat enthält. Nur wenn der Gehalt an Trikalziumphosphat sehr gering ist, eignet sich das Salz überhaupt für Backpulverzwecke. Und nur eine Untersuchung, die in diesem Falle immer dringend notwendig ist, kann festlegen, wieviel der Handelsware für die verwendete Menge Bikarbonat genommen werden muß [10] (s. S. 59).

Das primäre und sekundäre Ammoniumphosphat werden beide für Triebsalze verwendet. Das primäre (Mono-) Ammonphosphat wirkt wie das entsprechende Kalziumsalz direkt in der Kälte Kohlensäure austreibend:

$$(NH_4)H_2PO_4 + 2\ NaHCO_3 = Na_2HPO_4 + 2\ CO_2 + NH_3 + 2\ H_2O$$

Bei Verwendung des sekundären (Di-) Ammoniumphosphates entsteht erst in der Backhitze Ammoniak und Orthophosphorsäure, welche dann ihrerseits die Kohlensäure freimacht:

$$(NH_4)_2HPO_4 + 2\ NaHCO_3 = Na_2HPO_4 + 2\ CO_2 + 2\ NH_3 + 2\ H_2O$$

Das zweite Mischungsbeispiel entwickelt also nur in der Backhitze Kohlensäure und hat daher keinen Vortrieb, es wird daher in der Praxis oft eine Mischung von primärem und sekundärem Salz verwendet, bei welcher das erstere den Vortrieb abgibt. Eine solche Mischung besteht z. B. aus:

18 Teilen Monoammoniumphosphat

17   ,,   Diammoniumphosphat

30   ,,   Natriumbikarbonat

35   ,,   Mehl   (nach Hasterlik).

Wie aus der Formel hervorgeht, entsteht aber in beiden Fällen auch Ammoniak; die Mischung kann nicht für alle Zwecke als ideal bezeichnet werden.

Die Verwendung von Dinatriumphosphat als Zusatz zu einer Bikarbonat-Monophosphatmischung ist Gegenstand eines Patentes der Victor Chemical Works in Chicago, und zwar D.R.P. 295 488/1914. Der Mischung wird ein Alkalisalz, und zwar Diammoniumphosphat zugesetzt, welches zuerst in der Lösung mit dem Kalziumsalz sich zu dem primären Natriumphosphat umsetzt, das dann seinerseits die Kohlensäure aus dem Bikarbonat freimacht:

1. $Ca(H_2PO_4)_2 + Na_2HPO_4 = 2\ NaH_2PO_4 + CaHPO_4$

2. $NaH_2PO_4 + 2\ NaHCO_3 = Na_2HPO_4 + 2\ CO_2 + 2\ H_2O$

Dieses Backpulver soll sehr billig sein, keine schädlichen Bestandteile enthalten und ein großvolumiges Backwerk von gutem Gefüge liefern, auch dann, wenn der Teig längere Zeit vor dem Verbacken stehen gelassen wird.

Das zu verwendende Dinatriumphosphat soll zweckmäßig durch Erhitzung zuerst von seinem Kristallwasser befreit werden, da beim Lagern etwa aufgenommene Feuchtigkeit in diesem Fall chemisch als Kristallwasser wieder gebunden wird, so daß eine vorzeitige Umsetzung der Mischung vermieden wird.

Als günstige Zusammensetzung eines solchen Pulvers gilt:

$\qquad$ 30% Monokalziumphosphat

$\qquad$ 15% wasserfreies Dinatriumphosphat

$\qquad$ 30% Natriumbikarbonat

$\qquad$ 25% Stärke $\qquad$ (nach Hasterlik).

Endlich soll in diesem Zusammenhang noch das D.R.P. 341 267 von Dr. Otto Kippl vom Jahre 1919 erwähnt werden, nach dem man auf primäre und sekundäre Phosphate Weinsäure einwirken läßt, so daß Gemische aus haltbaren Salzen entstehen, die in der üblichen Weise mit Karbonaten und ev. Füllmitteln verarbeitet werden.

Die P h o s p h o r s ä u r e selbst, welche in konzentrierter Form als syrupartige Flüssigkeit im Handel ist, wurde in neuester Zeit in verfestigter Form ebenfalls für Backpulver verwendet. Das D.R.P. 705 824 vom Jahre 1941 gibt an, daß zu diesem Zweck Phosphorsäure beliebiger Konzentration mit pflanzeneiweißhaltigen Stoffen, z. B. Mahlprodukten von Sojabohnen, gemischt wird. Dann läßt man 24 Stunden an der Luft stehen und zerkleinert die fest gewordene Masse. Es werden nichthygroskopische Produkte erhalten, welche in Mischung mit Karbonaten Backpulver ergeben. Gesundheitliche Bedenken sind bei der Verwendung der Phosphorsäure nicht vorhanden, da diese ja auch sonst in der Nahrungsmittelherstellung, z. B. für saure Limonaden usw., verwendet werden darf.

Wird die Orthophosphorsäure auf 210—220 Grad Celsius erhitzt, so spaltet sie Wasser ab und geht in die P y r o p h o s p h o r s ä u r e über:

$$2\ H_3PO_4 = H_4P_2O_7 + H_2O$$

Die Pyrophosphorsäure ist eine vierbasische Säure und bildet ebenfalls saure Salze, von denen das saure Natriumpyrophosphat oder Dinatriumpyrophosphat oder Natriumtetraphosphat ein ausgezeichneter Kohlensäureaustreiber ist. Es besitzt außerdem eine verhältnismäßig geringe Löslichkeit, wirkt also nicht stürmisch, sondern ganz analog dem Weinstein. Es wurde in steigendem Maße für Backpulver verwendet, war aber in den letzten Jahren ebenfalls noch stark Mangelware. Die Reaktion erfolgt nach der Gleichung:

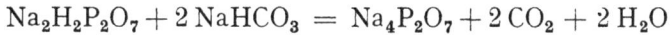

$$Na_2H_2P_2O_7 + 2\,NaHCO_3 = Na_4P_2O_7 + 2\,CO_2 + 2\,H_2O$$

Für 5 g Natriumbikarbonat müssen 6,6 g aufgewendet werden.

Auf die Herstellungsweise soll nur insoweit eingegangen werden, als zwei neuere Verfahren zur Herstellung besonders reiner Produkte angeführt werden sollen. Nach dem Amerik. Patent Nr. 1 984 968 aus dem Jahre 1934 geben die Rumford Chemical Works an: Phosphorsäure, die frei ist von Blei, Kupfer, Arsen und Fluor, jedoch geringe Mengen Aluminium und Eisen enthält und über 50^0 Beaumé stark ist, wird mit der entsprechenden Menge von pulverisiertem und gekörntem Natriumoxyd (Na_2O) innig vermischt und auf 200 Grad, maximal 220^0 C, erhitzt. Das Wasser verdampft und das Natriumpyrophosphat fällt als festes Salz an. Die geringen Mengen Aluminium und Eisen sollen nach der Erfinderin die Umsetzung mit dem Bikarbonat beim Backen begünstigen.

Das D.R.P. Nr. 506 435 der Metallgesellschaft vom Jahre 1929 gibt ein Verfahren an, nach dem man 15 Liter gereinigte Orthophosphorsäure mit einem Gehalt von 3 300 g P_2O_5 im Vakuumapparat mit der äquivalenten Menge Kochsalz (2760 g) versetzt. Die Mischung wird im Vakuum bei einer Temperatur von 200^0 C eingedampft. Es entsteht ein dickflüssiger Rückstand, der in der Kälte kristallisiert. Die Ausbeute beträgt 100%, und es entsteht ein Produkt, das frei von Phosphat und Metaphosphat ist und sich besonders gut für Backzwecke eignet.

Wird die Phosphorsäure bis über 300^0 C erhitzt, so verliert sie nochmals Wasser und geht in die Metaphosphorsäure HPO_3 über. Das Salz dieser Säure, das Natriummetaphosphat $NaPO_3$, ist ebenfalls Gegenstand eines Patentes zur Backmittelherstellung: Nach dem englischen Patent 390 743 erhitzt die Chemische Fabrik Budenheim A.-G. das gewöhnliche Natriummetaphosphat auf über 1000^0, vorzugsweise 1200^0 C mehrere Stunden lang, wodurch ein wasserlösliches Produkt entsteht, das in Verbindung mit Natriumbikarbonat ein vorzügliches Backpulver ergeben soll. Seine Wirkung besteht in einer langsamen Zersetzung bei Berührung mit Wasser, wodurch freie Phosphorsäure entsteht.

Nach den schon mehrfach erwähnten Untersuchungen von Tillmanns und Guettler, sollen die Mischungen von Monokalziumphosphat nicht so gut sein wie die Weinsäuretreibmittel: Es entsteht nur $1/3$ der freiwerdenden Kohlensäure in der Kälte, während $2/3$ erst bei einer Temperatur von 60^0 C innerhalb 25 Minuten entweichen. Damals war das saure Pyrophosphat als Backpulverbestandteil noch nicht oder wenig

bekannt. Nach Ebach[1] sind jedoch die Backpulver mit sauren Pyro-
phosphaten denen aus Weinstein völlig ebenbürtig.

5. BACKPULVER VERSCHIEDENARTIGER ZUSAMMEN-
SETZUNG

Außer den drei besprochenen Hauptgruppen von Backpulvermischungen
haben noch eine Reihe Zusammensetzungen verschiedener Art Verwendung gefunden. Wenn diese Mischungen auch nur eine untergeordnete
Rolle spielen und zum Teil aus dem Handel verschwunden sein dürften,
seien doch einige davon der Vollständigkeit halber angeführt.

An die Triebmittel mit organischen Säuren schließt sich ein Verfahren
an, das von einem ganz neuen Gedanken ausging: Es ist die Herstellungsweise von K. F. Töllner, Bremen, D.R.P. 309712 vom Jahre 1917.
Nach dieser werden getrocknete und gemahlene Zitronen- oder auch
Pomeranzen-, Apfelsinenschalen oder dergleichen verwendet. Die Schalen enthalten große Mengen von Aldehyden und Terpenen, welche beim
Trocknen der Schalen größere Mengen von Sauerstoff unter Bildung
harzartiger Stoffe aufzunehmen vermögen. Beim späteren Erwärmen
mit Bikarbonatlösung während des Backprozesses wird das entstandene
Harz unter Kohlendioxydentwicklung verseift, die Aldehyde gehen in
die entsprechenden Säuren über und zersetzen ebenfalls unter Gasentwicklung das Bikarbonat. Das Backpulver zeichnet sich durch eine langsame und stetige Gasentwicklung aus. Als Zusammensetzung werden
angegeben: 5 g Natriumbikarbonat, 1 g Magnesiumkarbonat und 6,5 g
feingepulverte, getrocknete Zitronenschale, ausreichend für $1/_2$ kg
Mehl.

An die Verwendung der reinen Ammoniumtriebsalze schließt sich eine
Mischung von Ammonchlorid (Chlorammonium, Salmiaksalz) und
Natriumbikarbonat an. Diese beiden Bestandteile reagieren mitein-
ander unter Bildung von Kochsalz, während Kohlendioxyd und Ammoniak entweichen und den Trieb bewirken:

$$NH_4Cl + NaHCO_3 = NaCl + NH_3 + CO_2 + H_2O.$$

Nach F. Wirthle[11] ergab ein praktischer Versuch mit diesem Back-
pulver hinsichtlich Lockerung und Geschmack einwandfreie Resultate.
Tillmanns und Guettler beanstanden aber mit Recht in ihrer Arbeit den
zu spät kommenden Nachtrieb dieser Mischung, wie dies auch bei der
Verwendung von Ammonbikarbonat oder Natriumbikarbonat allein der
Fall ist. Daher ist ein derartiges Backpulver, schon wegen des gleich-
zeitig entstehenden Ammoniaks wiederum nur für scharf zu verbackende
Bäckereierzeugnisse geeignet.

Perkarbonate und Superoxyde sollen in amerikanischen Triebsalzen verwendet werden. Beim Perkarbonat entsteht bei Umsetzung mit irgendeiner Säure neben Kohlendioxyd auch Sauerstoff, der auf das Mehl eine bleichende Wirkung ausübt, z. B.:

$$Na_2C_2O_6 + 2\ HCl = 2\ NaCl + 2\ CO_2 + O + H_2O.$$

Auch mit Percarbamid sind nach R o t s c h [12] in der letzten Zeit Versuche angestellt worden, welche eine gute Teiglockerung ergaben und außerdem infolge Bleichwirkung durch freiwerdenden Sauerstoff eine sehr helle Krumenfarbe des Gebäcks.

Als ein Übergang zu den eigentlichen Backhilfsmitteln sind diejenigen Präparate anzusehen, welche die Wirkung des Backpulvers mit denen der Hefe zu verbinden trachten. Den Triebsalzen fehlt sämtlich eine Wirkung, die nur die Hefe zu erzeugen vermag: Die Aufschließung der schwer verdaulichen Mehlbestandteile und die damit zusammenhängende Verbesserung von Geruch und Geschmack.

Um dieses Gäraroma auch mit Backpulver zu erreichen, wurde denselben Trockenhefe zugesetzt.

Ein Patentanspruch der Firma Oetker vom Jahre 1914 lautet:

„Verfahren zur Herstellung von Kuchengebäck unter Anwendung von Hefe und Hefenpulver, dadurch gekennzeichnet, daß die Teigflüssigkeit zur Erzielung eines Gäraromas durch Ansatz mit geeigneten Hefen oder sonstigen Gärungserregern benutzt und nach genügender Gärung zur Herstellung eines Teiges verwendet wird, welcher unter Benutzung von Backpulver bekannter Art gelockert wird, zu dem Zwecke, ein Backpulvergebäck mit gut entwickeltem Gäraroma herzustellen."

Das gebrauchsfertige Backpulver von Th. Hänseroth, D.R.P. 342 093/1915 besteht aus Trockenhefe und einem der üblichen Backpulver.
Ein Dänisches Patent der Aktieselskabet Den Danske Mäldekondenseringsfabrik vom Jahre 1936 hat ein Triebsalz zum Gegenstand, das aus Säurekaseïn, Karbonat und Streckmitteln besteht.

6. SULFAT- UND ALAUNTRIEBSALZE (Ersatzmittel)

Trotzdem die auf dieser Grundlage zusammengesetzten Backtriebmittel nach den „Richtlinien" nicht zugelassen sind, erfordert die Tatsache, daß die Diskussion über die Eignung dieser Stoffe und der Streit über ihre gesundheitlichen Wirkungen und diejenige ihrer Umsetzungsprodukte in der letzten Zeit in der Fachwelt wieder aufgelebt ist, ein ausführliches Eingehen auf diese Gruppe von Backpulvern.

Es handelt sich vor allem um die Verbindungen: Natriumbisulfat $NaHSO_4$, Kalium-Alaun $KAl(SO_4)_2$, Aluminiumsulfat $Al_2(SO_4)_3$ und Gips, $CaSO_4$.

Der Eingang dieser Verbindungen in die Backpulverfertigung war, wie so vieles durch den großen Mangel an anderweitigen Rohstoffen bereits während des ersten Weltkrieges bedingt. Die durch die überhandnehmende Verwendung dieser „Ersatzmittel" bewirkten Unzuträglichkeiten, an denen sicherlich nicht zuletzt ihre Anwendung durch wenig berufene, nur der Konjunktur ihr Dasein verdankende Hersteller Schuld trugen, führten in der Folgezeit zu dem in den Richtlinien ausgesprochenen Zulassungsverbot. Hieran schlossen sich später auch direkte gesetzliche Bestimmungen und Verbote an, die heute noch in Kraft sind, wenn auch da und dort gebietsweise eine Auflockerung eingetreten zu sein scheint. So wurde nach F e y [12] noch kurz vor Kriegsende im Jahre 1944 einer Firma vom Reichsministerium des Innern im Einvernehmen mit dem Reichsgesundheitsamt die Verwendung von Alaun und Alaunsalzen zur Backpulverherstellung auf Antrag gestattet. Auch das Oberpräsidium Pfalz/Hessen in Neustadt/Hardt erteilte in einem Schreiben vom 11. Oktober 1945 der Pfälzer Landwirtschaftlichen Versuchsstation in Speyer die Genehmigung, Alaun bei der Herstellung von Backpulver verwenden zu lassen.

Der verstorbene Direktor des Chemischen Untersuchungsamts in Stuttgart, H. J e s s e r [13], beschäftigte sich eingehend mit der gesundheitlichen Wirkung der Aluminiumsalze und verweist auf das Buch „Alum in Baking Powder", The complets Text of the Treal Examiner's Report Upon the facts, by Royal Baking Powder Comp. New-York 1927. In diesem Werk werden Versuchsergebnisse geschildert, die beweisen sollen, daß die mit dem sog. Alum-Backpulver hergestellten Backwaren nicht störend auf die Magensekretion wirken und auch nicht unbekömmlich sind. Der Aluminiumrückstand in solchen Gebäcken werde vom Körper nicht absorbiert, sondern die ganze Menge Aluminium sei bei Menschen und Tieren im Stuhl nachweisbar. In den Organen der Versuchstiere seien weder makro- noch mikroskopisch krankhafte Veränderungen nachweisbar.

K. R a u s c h e r [14] beschäftigt sich ebenfalls mit einer Änderung der Richtlinien in bezug auf die genannten Verbindungen. Er beanstandet, daß der zur Zeit vorliegende Entwurf für neue Richtlinien wenig Aussicht auf eine Zulassung dieser Mittel erhoffen lasse. Rauscher beruft sich auf das Handbuch von Rost (Bd. 1, S. 1018), worin auf Grund pharmakologischer Untersuchungen die Unschädlichkeit der Aluminiumverbindungen dargetan wird. Rauscher schlägt ferner in solchen

Backpulvern die Beimischung von Kalziumkarbonat statt Natriumbikarbonat vor. Aber auch für die Zulassung dieses Stoffes als Kohlensäurelieferant müßten erst die Richtlinien abgeändert werden, da diese Kalziumkarbonat nur als Füll- und Streckmittel zulassen und nur in einer Gesamtmenge von 20%.

Tatsache ist jedenfalls, daß in Amerika wie auch in England, Alaune und andere Sulfate seit langem in Gebrauch sind, ohne daß bis jetzt von irgendwelchen gesundheitlichen Schädigungen die Rede gewesen wäre. Dazuhin in Ländern, in denen beim Vorhandensein sämtlicher andern Rohstoffe ein Zwang zur Benützung von Ersatzmitteln nicht besteht.

Auch Dr. Strohecker vom Städt. Lebensmitteluntersuchungsamt Gelsenkirchen sprach sich auf der Arbeitsgemeinschaft Getreideforschung e. V. für die Verwendung von Alaun aus, verlangt aber eine nur zusätzliche Beimischung in Höhe von höchstens 30% des Säureanteils und erwähnt ebenfalls den kohlensauren Kalk als Triebmittel und nicht bloß als Trennmittel.

Um in der Frage der Schädlichkeit von Aluminiumverbindungen auch die andere Seite zu Wort kommen zu lassen, sei noch auf eine Arbeit im Bull. de la Soc. Scient. d'Hygiène chim. 16/3—56, hingewiesen. Danach hinterlassen Backpulver vom Typ Alum Phosphate Baking Powders im Brot Aluminiumphosphate, die im Verdauungstrakt löslich sind. Bei fortgesetzter Verfütterung treten bei Versuchstieren Verdauungsstörungen auf. Aluminium wird zum Teil resorbiert und verdrängt das Eisen aus den Geweben. Bei jungen Tieren waren Wachstumsverzögerungen zu beobachten und besonders ausgeprägte Schädigungen der Ovarien.

Hasterlik[3] faßt seine Ansicht über die Verwendungsmöglichkeit von Sulfaten für Triebsalze in folgende Worte zusammen:

„Es handelt sich hier um Mischungen, die neben Natriumbikarbonat Alkalisulfate oder Alaun enthalten; sie sind als Triebsalze wertlos, da die meisten Alkalibisulfate stark wasseranziehend sind, sich leicht zersetzen, die Umsetzungen zu rasch und in backtechnischer Hinsicht in ungünstiger Weise erfolgen und die Umsetzungsstoffe, die im Gebäck bleiben, z. B. das schwefelsaure Natron (Glaubersalz) abführend wirken."

Hasterlik weist dann darauf hin, daß bei der Umsetzung von Natriumbisulfat mit 5 g Bikarbonat, 19,2 g Glaubersalz ($Na_2SO_4 \cdot 12\,H_2O$) und in einem Gebäck von rund 30 g Gewicht eine Glaubersalzmenge von 1—2,5 g enthalten ist. Bei der Umsetzung mit Alaun entsteht aus derselben Bikarbonatmenge ein Glaubersalzanteil von 9,6 g, desgleichen aus der Umsetzung mit Aluminiumsulfat.

Wenn auch diese Mengen Glaubersalz noch nicht ausreichen werden, um eine merkbar abführende Wirkung zu erzeugen, wofür erst Mengen über 30 g notwendig sein sollen, so wäre es doch denkbar, daß Kranke oder besonders empfindliche Personen eine unangenehme Wirkung verspüren könnten.

Die Diskussion über das Thema scheint noch nicht abgeschlossen zu sein. Und wenn auch wohl der Ansicht, daß die Richtlinien in Beziehung auf die angeführten Punkte einer Änderung bzw. einer gewissen Lockerung bedürfen, das Wort geredet werden kann, so neigt der Verfasser doch zu der Ansicht, daß alle Sulfate nicht als alleinige Säureanteile in Backpulvern verwendet werden sollten, sondern stets in Mischung mit anderen Bestandteilen. Dies ist schon notwendig, um die allzu rasche Zersetzung der Triebsalze zu vermeiden. Andererseits kann aber gerade in solchen Backpulvern, die nur träge reagieren, durch eine Beimischung von Sulfaten ein kräftiger Vortrieb erzeugt werden, der stets wünschenswert ist. Vor allen Dingen möchte der Verfasser für eine stärkere Heranziehung des kohlensauren Kalkes (Kalziumkarbonat) in sulfathaltigen Backmitteln eintreten, einmal um die Menge des gebildeten Glaubersalzes möglichst zu beschränken und zum andern, um auf diese Weise dem Gemisch den notwendigen Nachtrieb zu verleihen, da die Mischungen mit Kalziumkarbonat und Sulfaten sehr träge reagieren (s. auch Rezeptteil). Dasselbe gilt von der Verwendung des Gipses (Kalziumsulfat), der ebenfalls nach den Richtlinien nur zu höchstens 10% zugelassen ist. Er vermag mit Bikarbonat nur sehr langsam zu reagieren und kann also für Pulver verwendet werden, bei denen eine solche Wirkung erwünscht ist. R. Strohecker[15] empfiehlt in einer Arbeit über „Gips als saurer Bestandteil von Backpulver" eine Mischung von 7,5 g Gips und 7,5 g Natriumbikarbonat ohne die Verwendung eines Trennmittels und tritt auch hier für die Schaffung einer Ausnahmegenehmigung wie für Aluminiumsulfat ein.

Auf jeden Fall muß aber solchen Herstellern, welche die Absicht haben, Backpulver auf Grundlage oder unter Verwendung von in den Richtlinien nicht oder nur in beschränktem Umfang zugelassenen Stoffen zu erzeugen, der dringende Rat erteilt werden, sich vorher mit den für sie zuständigen Gesundheits- oder sonstigen Behörden zwecks Erlangung einer Sondergenehmigung in Verbindung zu setzen, solange keine neuen grundsätzlichen Entscheidungen in diesen Fragen getroffen sind, was aber sehr wünschenswert wäre.

Mischungen mit Gips als Bestandteil fanden schon früher als „Weinsteinersatz" Verwendung. Ein bekanntes, derartiges Präparat war der Weinsteinersatz „Tartus", der nach einer Untersuchung von Mannich[16]) als wirksamen Bestandteil Monokalziumphosphat enthält, in Verbindung mit Gips, der mengenmäßig vorwiegt. Der Gips soll der Mischung die Schwerlöslichkeit des Weinsteins verleihen und triebverlangsamend wirken.

Nach Brauer[17] bestehen weitere Weinstein-Ersatzprodukte aus Mischungen von Monokalziumphosphat und Kalziumkarbonat, oder Gips oder Alaun, auch Gips und Natriumbisulfat und Spuren von Weinsäure.

Endlich sei noch auf ein Aushilfsmittel hingewiesen, von dem manche Hausfrauen Gebrauch machen, wenn kein eigentliches Backpulver zur Verfügung steht: Die Verwendung von Natriumbikarbonat und Essig, der dem Teig bei der Bereitung zugesetzt wird. Wird zu wenig Essig verwendet, so besteht die Gefahr, daß zu viel unzersetztes Natron im Überschuß zurückbleibt und durch Sodabildung den bekannten seifigen Geschmack hervorruft. Auf 5 g Natron sollen 4 bis 5 Eßlöffel normaler Speiseessig genommen werden (= etwa 5%ige Essigsäure). Dieser Ausweg wird deshalb erwähnt, weil auch „Backpulver" in den Handel gebracht wurden, deren Gebrauchsanweisung die Zugabe von Essig vorschreibt. Diese Mittel bestehen nur aus Natriumbikarbonat und dürfen nach den meisten behördlichen Vorschriften nicht als Backpulver, sondern nur als „Backhilfe" oder ähnlich gehandelt werden.

7. ZUSÄTZE ZU BACKPULVERN
(Füllmittel, Streckmittel, Zusätze zur Triebverlangsamung)

In den vorangegangenen Kapiteln war des öfteren von Zusätzen zu Backmitteln die Rede. Diese Zusätze sollen hier im Zusammenhang behandelt werden. Eine Trennung in einzelne Kategorien kann dabei nicht vorgenommen werden, da ein und derselbe Stoff oftmals mehrere Aufgaben zu erfüllen hat.

Zusätze dienen einmal dem Zweck, der Triebsalzmenge eine handliche Form zu geben, da das reine Treibmittel oft nur wenige Gramm beträgt und daher im Handel zu unscheinbar wirken würde. Sie haben aber auch die Aufgabe, die Haltbarkeit der Mischungen zu erhöhen und der Feuchtigkeitsaufnahme entgegenzuwirken. In vielen Zusammensetzungen bilden sie jedoch einen wichtigen Bestandteil zur Regulierung des Triebes.

Das beste Füllmittel ist reines Stärkemehl, das außerdem einen hervorragenden Einfluß auf die Haltbarkeit der Mischungen ausübt. In einer neueren Arbeit[18] ist der Einfluß der verschiedenen Stärkearten auf die Haltbarkeit von Backpulver untersucht worden: Danach nimmt die Stabilisierungswirkung mit der Stärkekorngröße ab und zwar in der Reihenfolge Reis- → Weizen- → Mais- → Kartoffelstärke. Ferner sind kleine Weizenstärkekörner wirksamer als große. Ebenso ist feingepulverte Stärke am wirksamsten. Die Wirkung der Stärke nimmt rasch ab mit der Erhöhung der relativen Feuchtigkeit. Weniger wirksam in bezug auf die Erhöhung der Haltbarkeit ist Mehl, das während der beiden Kriege und in den Nachkriegszeiten infolge des Stärkemangels fast ausschließlich verwendet wurde. Auch der sog. Mehldunst, der in den Mühlen anfällt, wird vielfach als zweckmäßiges Füllmittel gebraucht.

Wie schon in den vorhergehenden Abschnitten an vielen Stellen angedeutet, zeichnen sich viele Säurekomponenten, wie Weinsäure, Zitronensäure, Milchsäure, Sulfate und Bisulfat durch eine zu rasche Treibwirkung aus. In diesen Fällen genügt oftmals ein bloßes Mischen mit den Füllstoffen nicht mehr, sondern es muß zu einer besonderen Präparierung des Säureanteils geschritten werden, um eine vorzeitige Zersetzung der Triebsalze zu verhindern.

Bereits 1901 ließ sich die Firma Oetker mit D.R.P. 144 289 ein Verfahren schützen, nach dem Mehl mit einer Weinsäurelösung in Wasser getränkt wurde. Das Mehl wird getrocknet, so daß sich die Lösung in die Stärkezellen einsaugt, und erst dann mit der nötigen Menge Bikarbonat gemischt. Das entstehende Weinsäuretriebsalz wird dadurch langsamer und wirksamer.

Andere Verfahren bestehen in einem Überzug der Teilchen der Säurekomponenten mit einer Paraffinschicht. In der Wärme des Backofens schmilzt das Paraffin ab und die Säure kann nun erst mit dem Natron in Reaktion treten.

Ein solches Verfahren beschreibt D.R.P. 507 399 der Firma Boehringer Sohn: 10 kg einer durch Aussieben durch ein Sieb von 50—70 Maschen gewonnenen kristallisierten Weinsäure werden in einer auf 70 bis 80° C geheizten Trommel mit 0,3—0,5 kg Paraffin durch langsames Drehen der Trommel in innige Berührung gebracht. Nach dem Erkalten wird die präparierte körnige Weinsäure mit der passenden Menge Bikarbonat gemischt.

Um die Verwendung von Natriumbisulfat zu ermöglichen, schlägt Brauer[17] in dem auf S. 37 erwähnten Aufsatz vor, das Natriumbikarbonat zu paraffinieren: In ein drehbares, schräggestelltes Faß werden 25 kg Natriumbikarbonat gebracht zusammen mit etwa 10 Paraffinkugeln zu je etwa 50 g und das Faß 1 Stunde gedreht.

Ein anderes Zusatzmittel, das sich einbürgerte, als auch die Verwendung von Mehl schwierig oder nicht mehr zugelassen wurde, ist der kohlensaure Kalk, der als gemahlenes Kreidepulver oder oft nur als gemahlener Kalkstein dem Backpulver zugesetzt wurde; er sollte aber, schon um ihn in größter Reinheit anwenden zu können, nur als gefälltes Kalziumkarbonat angewandt werden. In dieser Form ist er in größter Feinheit zu erhalten. Als Trennmittel ist er auch in den Richtlinien, jedoch nur bis zu einem Gesamtanteil von 20 % zugelassen.

Es ist dies ebenfalls ein Punkt, der zu einer Lockerung der Richtlinien führen sollte. Ist nämlich der Säureanteil im Überschuß vorhanden, so reagiert dieser, allerdings erst in der Backhitze, mit dem kohlensauren Kalk und liefert auf diese Weise einen oft erwünschten Nachtrieb. Auf diese Tatsache machte schon Haas[19] aufmerksam. Strohecker griff dieses Problem auf der schon mehrfach erwähnten Tagung der Arbeitsgemeinschaft für Getreideforschung erneut auf. O. Lüning[20] stellte fest, daß der kohlensaure Kalk in bisulfathaltigen Triebsalzen die Aufgabe hat, eine Verlangsamung der Wirkung zu erzielen, ohne die Sulfattriebsalze überhaupt nicht brauchbar sind. Die Bisulfatkörnchen setzen sich schon in der Kälte mit dem Kalziumkarbonat um und die Kristalle überziehen sich mit einer dünnen Schicht von Kalziumsulfat, welche die Auflösung des Bisulfats hemmen und damit die Umsetzung verzögern. Hasterlik bemerkt zu dieser Frage abschließend, daß jedoch ein zu hoher Kalziumkarbonatgehalt schwerwiegende Übelstände mit sich bringen würde.

Rauscher[14] bemerkt zu diesem Problem, daß gesundheitliche Nachteile nicht angeführt werden könnten und verweist auf eine Arbeit von Crosnier, Giraud, Renauld und Goussolt (C. R. hebd. Séances Acad. Sci. 224, 73, 1947), in der bewiesen wird, daß eine tägliche Zufuhr von 1,5 g Kalziumkarbonat, in Brot verbacken, gerade ausreicht, ein Kalkdefizit zu verhindern, das durch die entkalkende Wirkung der in den Getreideschalen enthaltenen Säuren bedingt, unsern Organismus bedroht.

Als weitere Trennmittel bzw. Stabilisatoren sind noch zu nennen:

Das Englische Patent 303 353 von L. Weil beschreibt die Herstellung von Backpulver aus einem neutralen Erdalkalipyrophosphat ($Ca_2P_2O_7$) als Stabilisierungsmittel und einer Kohlendioxyd entwickelnden Substanz.

Im D.R.P. 583 779 beschreibt H. Schott den Zusatz von Feuchtigkeit aufsaugenden Stoffen, wie Kieselgur, Lykopodium oder ähnliche.

Das Amerikanische Patent 2 000 160 empfiehlt den Zusatz von Karyagummi, Agar-Agar, Tragant, Gelatine. Dadurch sollen die Gasblasen besser im Teig gehalten und verteilt werden.

DIE FABRIKATIONSMÄSSIGE HERSTELLUNG VON BACKPULVER

1. ALLGEMEINES

Die Fabrikation von Backpulver entspricht den in der Technik allgemein üblichen Methoden zur Verarbeitung pulverförmiger Materialien. Hinzu kommt natürlich, da es sich um die Herstellung von Erzeugnissen für den menschlichen Genuß handelt, die besondere Forderung nach größter Sauberkeit bei der Lagerung, Fabrikation und Verpackung. Ein weiteres Erfordernis ist die völlige Trockenheit aller Fabrikräume und der Läger.

2. ANFORDERUNGEN AN DIE ROHMATERIALIEN

An die Reinheit der verwendeten Ausgangsstoffe sind naturgemäß die größten Ansprüche zu stellen. Sie müssen im allgemeinen denen genügen, die zum größten Teil im Deutschen Arzneibuch, Ausgabe VI, festgelegt sind. Bei der Bestellung und der Bearbeitung von Angeboten ist also Wert darauf zu legen, daß die Bezeichnungen der Stoffe den Zusatz „DAB 6" tragen. Angaben wie „gereinigt", „technisch rein" oder „chemisch rein", bieten keine Gewähr dafür, daß in den betreffenden Chemikalien nicht gesundheitsschädliche Stoffe vorhanden sein können, da viele chemische Produkte aus dem Fabrikationsgang ihrer Aufbereitung oder Lagerung in ungeeigneten Behältern Giftstoffe, wie Bleisalze oder gar Arsen, enthalten können.

3. ZERKLEINERUNG DER ROHSTOFFE

Soweit die Rohmaterialien nicht bereits in genügend feinpulverisierter Form angeliefert werden, muß eine entsprechende Zerkleinerung oder Mahlung vorgenommen werden. Dies pflegt besonders bei den organischen Säuren, wie Weinsäure, Zitronensäure, Adipinsäure usw. der Fall zu sein.

Die Zerkleinerung kann durch Kugelmühlen erfolgen, die aus Trommeln bestehen, in denen eine Anzahl Kugeln von verschiedener Größe — je nach Verwendungszweck — kreisen. Die Kugeln bestehen aus Metall, Stein oder Porzellan. Für den vorstehenden Zweck wird man den letz-

teren den Vorzug geben. Beim Drehen der Trommel wird das einge-
brachte Material zwischen den Kugeln und zwischen den letzteren und

Abb. 1   Trommelmühle

Abb. 2   Konus- oder Trichter-Mühle (geöffnet)

der Wandung zerrieben. In Kugelmühlen kann außerordentlich fein
gemahlen werden, und die Mühlen eignen sich für Trocken- und Naß-

mahlung. Ihre Leistungsfähigkeit ist jedoch nicht besonders hoch. Für den vorliegenden Zweck werden die Kugelmühlen meist in der Form der eigentlichen Trommelmühlen verwendet, die verhältnismäßig rasch

Abb. 3 Schleudermühle (Desintegrator) der Firma Alpine Maschinenfabrik A. G., Augsburg

Abb. 4 „Simplex-Mischer" der Firma Werner & Pfleiderer. Außenausicht

laufen und deren Trommel zylindrisch oder entsprechend der Abbildung 1, vieleckig ausgebildet ist.

42

Viel verwendet werden auch die Konus- oder Trichtermühlen, bei denen sich ein konus- oder trichterförmiger Läufer mit gerillter Oberfläche in einem ebenfalls geriffelten, feststehenden Teil dreht, so daß eine Mahlwirkung ähnlich der einer Kaffeemühle entsteht. Die Mahlorgane dieser Mühlen können aus Metall oder für den vorstehenden Zweck wieder zweckmäßig aus Stein oder Porzellan ausgebildet sein. Abbildung 2 zeigt eine solche Trichtermühle.

Ganz besonders leistungsfähig sind die Schleudermühlen oder Desintegratoren, die ein mittelfeines Pulver liefern, das für die Zwecke der Backpulverherstellung ausreicht. Sie bestehen aus zwei mit mehreren konzentrischen Reihen von Stahlstäben versehenen Trommeln, den Stiftenkörben, die so ineinandergeschoben sind, daß sich die Stiftkreise des einen Korbes in den ringförmigen Zwischenräumen des anderen befinden, der feststeht oder sich entgegengesetzt bewegt. Das Mahlgut wird in die Mitte gebracht, durch die Zentrifugalkraft nach außen geschleudert und dabei durch die Stifte zerschlagen. Nach einem ähnlichen Prinzip arbeiten die neuzeitlichen Hammermühlen, die meist mit einer Siebanlage zusammengebaut sind. Abbildung 3 zeigt einen neuzeitlichen Desintegrator. Desintegratoren eignen sich besonders zum Zerkleinern von Stoffen, die neben ihrer Härte noch große Zähigkeit besitzen.

4. DAS MISCHEN

Soweit die Mischung der Bestandteile nicht schon dadurch erfolgt, daß dieselben von Anfang an im richtigen Mischungsverhältnis vermahlen werden, muß eine sehr sorgfältige und innige Mischung nachträglich erfolgen. Das Mischen muß in einem völlig trockenem Raum stattfinden. Wird die Mischung nicht ganz sorgfältig und gründlich ausgeführt, so können sich Klümpchen von Natriumbikarbonat noch im fertigen Pulver befinden, die später im Gebäck braune Stellen hervorrufen können.

Die einfachsten Mischvorrichtungen bestehen aus einer horizontalen oder schwach geneigten Trommel, in der eine oder mehrere Wellen rotieren, die Schaufeln, Flügel oder Tatzen von verschiedenen Formen tragen. Meist sind die Apparate so ausgebildet, daß das Mischgut an einem Ende zugegeben und durch die Schaufeln während des Mischvorgangs langsam zum anderen Ende bewegt wird, wo die fertige Mischung herausfällt und aufgefangen werden kann.

Auch hier gibt es modernste Maschinen, welche in kurzer Zeit Mischungen von hoher Vollkommenheit erzeugen können. Die Abbildung 4 zeigt einen „Simplex-Mischer" der Firma Werner & Pfleiderer in Stutt-

gart-Feuerbach in vollkommen geschlossener Bauart, wie er besonders
für Backpulverfabrikation hergestellt wird. Abbildung 5 zeigt die

Abb. 5 Mischorgane des Simplex-Mischers von Abb. 4

Abb. 6 Gegenstrom-Mischer der Draiswerke, Mannheim-Waldhof (geöffnet)

Mischtrommel in geöffnetem Zustand mit der Anordnung der Mischorgane. Dieser Mischer wird in allen Größen bis zu 4000 Liter Nutz-
inhalt hergestellt.

Eine besonders leistungsfähige Anlage ist der Gegenstrommischer der
Draiswerke, Mannheim-Waldhof, Abbildung 6. Bei dieser Maschine

Abb. 7 Drais-Gegenstrom-Mischer mit Siebanlage und Zerstäubungsvorrichtung
(links oben). Gesamtansicht

sind die Schaufeln so angeordnet, daß das Mischgut gleichzeitig vom
Zentrum des Troges nach außen und entgegengesetzt durcheinander-
geschoben wird, wodurch in kürzester Zeit völlig homogene Mischungen
auch von Materialien unterschiedlichen spezifischen Gewichts hergestellt werden können. Der Draismischer kann außerdem noch in Kombination mit einer Siebanlage und mit einer Vorrichtung zum Auf-
stäuben von Flüssigkeiten geliefert werden, wie in Abbildung 7 dar-
gestellt. Die Draismischanlagen werden ebenfalls in allen Größen bis zu
40000 Litern hergestellt.

5. DAS SIEBEN

Soweit die Aufbereitungsanlagen nicht schon mit einer Siebvorrichtung zusammengebaut sind, ist eine Siebung des fertigen Pulvers vor
der Verpackung unerläßlich. Auch bei genügender Feinheit des Erzeug-

nisses muß immer damit gerechnet werden, daß Schmutz oder abgeriebene Metallteilchen aus den maschinellen Anlagen in das Backpulver gelangen können.

Als Forderung an die Feinheit eines Backpulvers ist neben der Gleichmäßigkeit der Durchgang durch ein Sieb von 0,5 mm Maschenweite zu verlangen. Es ist dies ein Sieb, das 12 Maschen auf 1 cm Länge

Abb. 8   Einfaches Schwingsieb für zwei Siebe

besitzt. Die Siebbezeichnung für ein solches Sieb lautet Nr. 30 oder 32 oder DIN-Sieb 1171/0,5.

Für kleine Betriebe genügen Plansiebe, die aus viereckigen oder runden Behältern mit Siebboden bestehen und auch mit selbsttätiger Materialzu- und -abführung versehen sein können. Sie können durch einen Motor in rüttelnde oder schwingende Bewegung versetzt werden. Abbildung 8 zeigt eine solche einfache Siebvorrichtung für zwei Siebe. Leistungsfähiger sind Trommelsiebe, die aus drehbaren Trommeln bestehen, welche in den Wandungen Siebrahmen tragen.

Auch auf dem Gebiet der Siebanlagen verwenden moderne Betriebe neuzeitliche Siebe, die bei erstaunlich kleiner Bauart beachtliche Siebleistungen erzielen können. Als Beispiel sei die „Expreß-Siebmaschine" der Firma Werner und Pfleiderer in der Abbildung 9 aufgeführt.

Diese Maschine besitzt ein direkt auf der Welle eines schnellaufenden Elektromotors sitzendes Zentrifugalsieb, dessen Siebkörbe ausgewechselt oder zwecks Reinigung leicht und rasch auseinandergenommen werden können. Das zu verarbeitende Material wird bei laufendem

Motor einfach in den Trichter geschüttet und läuft sofort fertig bearbeitet durch den Auslaufstutzen ab, wo es in einem Sack oder untergestellten Gefäß aufgefangen wird. Schon eine kleine Tischmaschine dieser Bauart kann je nach Siebfeinheit bis zu 750 kg Material in der Stunde fertig sieben, gleiche Anlagen etwas größerer Ausführung bis über 3000 kg in der Stunde.

6. ABFÜLLEN -- VERPACKEN

Zum Abschluß der Arbeiten erfolgt die Verpackung, meist in Tüten, die von Hand oder mittels automatischer Abfüll- und Dosiermaschinen erfolgen kann. Während allenfalls Kleinstbetriebe eine Füllung der Beutel mit der Hand vornehmen werden, empfiehlt sich für Klein- und Mittelbetriebe zumindest eine Abfüllung bei gleichzeitiger selbsttätiger Dosierung auf maschinellem Wege. Eine einfache Dosiermaschine mit einer Leistung bis 30 Füllungen in der Minute zeigt die Abbildung 10. Diese Maschine ersetzt also vor allem das zeitraubende Abwiegen oder ungenaue Abmessen mit der Hand, während das Öffnen der Beutel, das Halten unter den Auslauftrichter, Gummieren und Schließen der Tüten von Hand erfolgen muß. Für die beiden letzteren Arbeitsgänge gibt es jedoch besondere Schließmaschinen als Ergänzung zur Dosiermaschine. Größere Betriebe und ausgesprochene Großbetriebe moderner Art verwenden ausschließlich vollautomatische Füll- und Schließmaschienen, die in der Lage sind, in der Minute 60 bis 70 Backpulverbeutel unter genauester Dosierung zu füllen und zu schließen; sie benö-

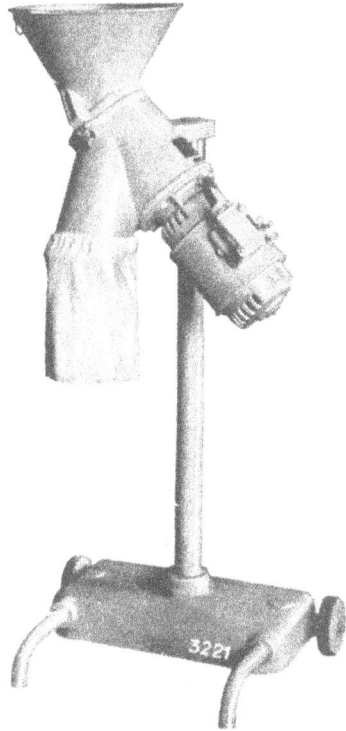

Abb. 9 Expreß-Siebmaschine der Firma Werner & Pfleiderer. Tischausführung.

Abb. 10 Einfache Dosiermaschine der Jagenberg-Werke, Düsseldorf. Leistung bis 30 Beutel/Minute.

tigen zu ihrer Bedienung nur eine Person, die lediglich für das Beschik-
ken mit Füllmaterial und leeren Beuteln und die Abnahme der fix und
fertigen Tüten zu sorgen hat. Die Abbildungen 11 und 12 zeigen zwei
verschiedene Konstruktionen derartiger Automaten bekannter Herstellerfirmen. Es werden meist Tüten mit einem Inhalt von 15—20 g, ausreichend für 1/2 kg Mehl, in den Handel gebracht.

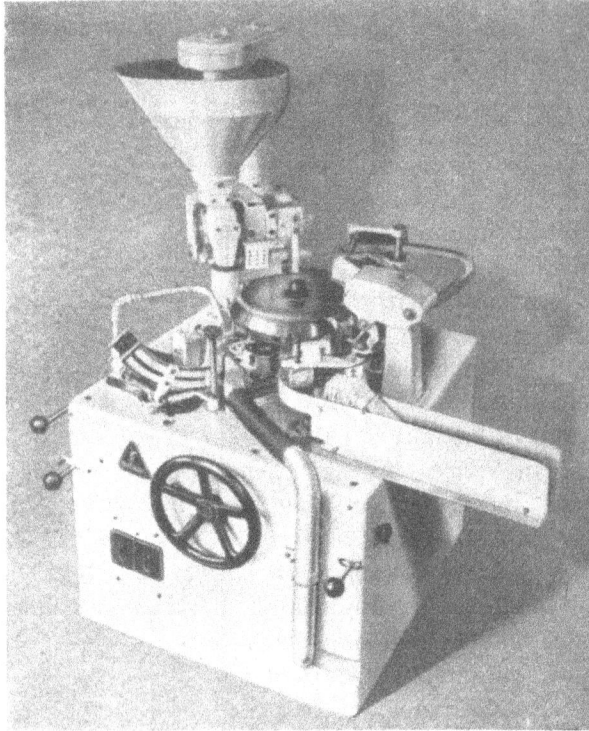

Abb. 11 Vollautomatische Füll- und Schließmaschine der Diskuswerke Frankfurt a. M.
Leistung 60 Packungen/Minute.

Da Backpulver einen Pfennigartikel darstellt, so lohnt die Fertigung
nur bei entsprechend hohem Umsatz und rationellster Arbeitsweise.
Auch der kleinste Betrieb muß darauf bedacht sein, daß vom Lager-
raum bis zum Versand ein lückenloses Ineinandergreifen sämtlicher Ar-
beitsvorgänge stattfindet und sowohl Rohmaterial als auch Fertigware
keinen Meter unnötigerweise zurücklegt.

Man wird dem also bei der Wahl bzw. Anlage der Fabrikationsräume
weitgehend Rechnung tragen müssen und z. B. die Lagerbehälter für die
Rohstoffe in dem Stockwerk über den eigentlichen Herstellungsräumen

anordnen, so daß ihre Auslauföffnungen sich in unmittelbarer Nähe der Mahl- oder Mischanlagen befinden und von den letzteren sofort in

Abb. 12   Vollautomatische Füll- und Schließmaschine der Firma Gebr. Höller, Bergisch-Gladbach.
Leistung bis 70 Beutel/Minute.

die Siebvorrichtung gelangen. Die fertig gefüllten Beutel gelangen dann auf einem Förderband zum Versandraum.

III. ABSCHNITT

REZEPT-TEIL

Um den Abschnitt über die Zusammensetzung der Triebsalze nicht allzu unübersichtlich zu machen, sind dort nur einige wenige Beispiele über mögliche Zusammensetzungen gegeben. Aus diesem Grund und auch um dem Benützer des Werkchens, der sich nur rasch über übliche Zusammensetzungen von Backpulvern orientieren möchte, diese Arbeit zu erleichtern, sind in dem nachstehenden Rezeptteil eine größere Anzahl Mischungsbeispiele im Zusammenhang angegeben. Soweit sie aus Patentschriften entnommen sind, ist dies unter Angabe von Art und Patentnummer vermerkt. Niemand soll indes den Wert solcher Rezeptsammlungen überschätzen oder dieselben etwa sklavisch kopieren. Sie sollen denjenigen, der sich mit der Neuaufnahme einer Backpulverfertigung befassen will, über die Art der möglichen Kombinationen orientieren und den Kundigen zu neuen Ideen und Zusammenstellungen anregen. Dazu kommt, daß die in Patentschriften niedergelegten Rezepturen aus durchsichtigen Gründen oftmals gar nicht den tatsächlichen, von dem Patentinhaber in seinem Betrieb hergestellten Mischungen, entsprechen.

Da in Literatur und Patenten die Angabe der Zusammensetzungen in der verschiedensten Weise — einmal als Gewichtsteile oder nur Teile, das andere Mal in Prozenten oder auch direkt in Gewichten als Gramm oder Kilogramm — angeführt sind, wurden alle Rezepte so umgerechnet, daß die Summe der Bestandteile den Inhalt eines Beutels, ausreichend für $1/2$ kg Mehl, ausmacht. Wo in den Originalen nichts anderes angegeben ist, wird stets ein Gesamtgewicht der Mischung von 15—20 g angenommen. Auf diese Weise ist ein besserer Vergleich der einzelnen Rezepturen möglich.

Um den Leser instand zu setzen, zu beurteilen, inwieweit in den einzelnen Rezepten die Forderung nach einer genauen Entsprechung von Natriumbikarbonat und Säureanteil Genüge getan ist, soll an den Anfang nochmals eine übersichtliche Zusammenstellung der einzelnen Säureträgermengen gestellt werden, die notwendig sind, um eine Zersetzung von jeweils 5 g Natriumbikarbonat zu bewerkstelligen. Selbstverständlich unter der Voraussetzung, daß beide Komponenten in reinster Form vorliegen. In der Praxis ergeben sich natürlich möglicherweise Abweichungen, über die aber nur eine genaue quantitative Analyse der fraglichen Bestandteile Auskunft geben kann.

Weinstein . . . . 11,19 g
Weinsäure . . . . 4,46 „
Zitronensäure . . . . 3,8 „
Milchsäure . . . . 5,36 „
Adipinsäure . . . . 3,34 „
Bernsteinsäure . . . . 3,51 „
saures Natriumpyrophosphat . . . . . . 6,61 „
Natriumsulfat (1 H_2O) . . . . 8,21 „
Kali-Alaun (12 H_2O) . . . . 9,42 „
saures Kalziumlaktat . . . . 12,91 „
primäres Natriumzitrat . . . . 6,37 „

(Nach Jesser, Südd. Apoth. Ztg. 86, 1946, S. 36.)

Monokalziumphosphat (1 H_2O) . . . . 7,50 g
Monoammoniumphosphat . . . . . . 3 42 „

1. WEINSTEIN

1) Natriumbikarbonat . . . . 4,2 g oder 4,5 g
   Weinstein . . . . 9,8 „ „ 10,5 „
   Stärkemehl . . . . 6,0 „ „ 5,0 „

                               20,0 g   20,0 g

(Nach Oetker)

2) Natriumbikarbonat	7,0 g	3) Natriumbikarbonat	3,7 g
Weinstein	5,0 „	Weinstein	7,4 „
Kartoffelstärke	8,0 „	Magnesia usta	0,25 „
	20,0 g	Zuckerpulver	13,7 „
			25,25 g

(Patzsch)[21]

4) Natriumbikarbonat	4,6 g	5) Gefällt. Kalziumkarbon.	8,0 g
Weinstein	10,4 „	Weinstein	22,0 „
Stärke	7,0 „	Stärke	5,0 „
	22,0 g		35,0 g

(mitgeteilt von Fey)[12]   (mitgeteilt von Fey)[12]

Das Pulver (5) dürfte erst in der Backhitze eine Triebkraft entwickeln, ein Vortrieb wird so gut wie fehlen.

2. WEINSÄURE

6) Natriumbikarbonat   7,5 g
   Weinsäure   15,0 g

Zu diesem Rezept (6) wird angegeben, daß die beiden Pulver getrennt zu verabfolgen sind. Das Natriumbikarbonat ist zuvor mit etwas Milch anzurühren und erst dem fertigen Teig zuzusetzen.

(mitgeteilt von Fey)[12]

7) Natriumbikarbonat	6,5 g		8) Natriumbikarbonat	5,0 g
Weinsäure	6,0 ,,		Weinsäure	7,5 ,,
Mehl	7,5 ,,		Reisstärke	7,5 ,,
	20,0 g			20,0 g

(Oetker) (mitgeteilt von Patzsch)[21]

9) Natriumbikarbonat	4,8 g
Weinsäure	4,4 ,,
Mehl oder Mehldunst	7,0 ,,
	16,2 g

(Verfasser)

3. ADIPINSÄURE

10) Natriumbikarbonat	7,0 g
Adipinsäure	4,3 ,,
Mehl	4,5 ,,
	15,8 g

(nach Jesser)[12][13]

Dieses Backpulver dürfte einen erheblichen Überschuß an Bikarbonat enthalten!

11) Natriumbikarbonat	7,0 g		12) Natriumbikarbonat	4,8 g
Adipinsäure	3,5 ,,		Adipinsäure	4,2 ,,
Alaun	1,5 ,,		Mehl oder Mehldunst	7,0 ,,
Mehl	4,5 ,,			16,0 g
	16,5 g			

(nach Jesser)[12][13] (Verfasser)

4. BERNSTEINSÄURE

13) Natriumbikarbonat	4,0 g
Gefälltes Kalziumkarbonat	3,0 ,,
Bernsteinsäure	3,0 ,,
Mehl oder Mehldunst	5,0 ,,
	15,0 g

(Verfasser)

Da die Bernsteinsäure einen kräftigen Vortrieb erzeugt, soll die Zugabe von kohlensaurem Kalk den Nachtrieb bewirken und außerdem die in geringem Überschuß verwendete Bernsteinsäure binden.

5. ZITRONENSÄURE UND IHRE SALZE

14) Natriumbikarbonat   11,4 g
     Zitronensäure   8,6 ,,
     _____
           20,0 g
    (mitgeteilt von Fey)[12]

15) Natriumbikarbonat   3,8 g
     prim. Natriumzitrat   6,0 ,,
     übl. Zusätze auf 15 g zugeben
     (Schw. Pat. 228 200/1943)

6. PHTHALSÄUREANHYDRID

16) Natriumbikarbonat   5,0 g
     Phthalsäureanhydrid   4,7 g
     Mehl oder Stärke   10,3 ,,
     _____
           20,0 g
     (Amerik. Pat. 2 062 039/1936)

7. PHYTINSÄURE

17) Natriumbikarbonat   4,6 g
     Phytinsäure   3,0 ,,
     Stärke   12,4 ,,
     _____
           20,0 g
     (Amerik. Pat. 2170274/1939)

8. MILCHSÄURE UND IHRE SALZE

18) Natriumbikarbonat   5 4 g
     Gelatinierte Milch-
       säure   14,0 ,,
     Füllstoff   0,6 ,,
     _____
           20,0 g
   (Amerik. Pat. 1 771 342/1929)

19) Natriumbikarbonat   6,8 g
     Kalziumlaktat   5,0 ,,
     Dinatriumphosphat   4,3 ,,
     Kalziumtartrat   3,9 ,,
     _____
           20,0 g
     (Amerik. Pat. 1 641 013

9. PHOSPHAT-BACKPULVER

20) Natriumbikarbonat   7,5 g
     Monokalziumphosphat   5,0 ,,
     Weizen- oder Stärkemehl   2,5 ,,
     _____
           15,0 g
           (Patzsch)[2]

Diese Mischung kann nach Erfahrungen des Autors nicht lange gelagert werden.

21) Natriumbikarbonat   5,0 g
     Monokalziumphosphat   5,0 ,,
     Mehl   5,0 ,,
     _____
           15,0 g
     (Brauer)[17]

22) Natriumbikarbonat   5,0 g
     Monokalziumphosphat   6,0 ,,
     Wasserfr. Dinatriumph.   3,0 ,,
     Stärkemehl   6,0 ,,
     _____
           20,0 g
     (Hasterlik)

23) Natriumbikarbonat	6,0 g		24) Natriumbikarbonat	5,6 g
Monoammoniumphosph.	3,6 „		saures Natriumpyro-	
Diammoniumphosphat	3 4 „		phosphat	6,6 „
Mehl	7,0 „		Maisstärkepulver	4,8 „
	20,0 g			17,0 g
	(Hasterlik)[3]			(Chimist and Druggist)

25) Natriumbikarbonat	6,0 g		26) Natriumbikarbonat	6,0 g
Natriumpyrophosphat	8,1 „		saures Kalziumpyro-	
Mononatriumphosphat	0,7 „		phosphat	
Stärkemehl	5,2 „		Stärkemehl	5,5 „
	20,0 g			18,0 g
	)Amerik. Pat. 1 834 747/1936)			

27) Natriumbikarbonat	6,0 g		28) Natriumbikarbonat	7,0 g
Kalziumpyrophosphat	3,6 „		Natriumpyrophosphat	9,8 „
Natrium-Alaun	3,6 „		Stärkemehl	6,5 „
Stärkemehl	6,8 „			23,5 g
	20,0 g			
(26) u. 27): Amerik. Pat. 2 138 029/1938)				(Jesser)[12][13]

10. SULFAT-TRIEBSALZE

29) Natriumbikarbonat	7,0 g		30) Natriumbikarbonat	2,0 g
Aluminiumsulfat	6,0 „		gef. Kalziumkarbonat	3,0 „
Stärkemehl	4,5 „		Aluminiumsulfat	6,0 „
	17,5 g		Mehl	4,0 „
				15,0 g
	(Jesser)[12][13]			(Verfasser)

31) Natriumbikarbonat	2,0 g		32) Natriumbikarbonat	2,0 g
gef. Kalziumkarbonat	3,0 „		gef. Kalziumkarbonat	5,0 „
Kalium-Alaun	9,5 „		Natriumbisulfat	5,0 „
Mehl	3,0 „		Mehl	3,0 „
	17,5 g			15,0 g
	(Verfasser)			(Verfasser)

Bei allen Mischungen der Nr. 30—32 empfiehlt es sich, so vorzugehen, daß zuerst das Sulfat mit dem Kalziumkarbonat innig gemischt, dann das Mehl oder sonstiges Streckmittel beigefügt wird und erst zuletzt das Ganze mit dem Natriumbikarbonat versetzt wird. Dadurch wird erreicht, daß die auf S. 39 dargelegte Reaktion des Kalziumkarbonats mit dem Sulfat sich vollziehen kann und das Karbonat sich mit einer dünnen Schicht von Gips überzieht, welche die Reaktionsfähigkeit der Sulfate herabsetzt.

Eine weitere Möglichkeit würde darin bestehen, das Bikarbonat und evtl. auch das Kalziumkarbonat in der auf S. 38 angegebenen Weise zu paraffinieren.

Bei allen übrigen Rezepturen ist es ebenfalls angebracht, zuerst das Füll- oder Streckmittel mit dem Säureträger zu vermischen und erst dann das Ganze mit dem kohlensäurehaltigen Bestandteil zu mengen.

$$
\begin{array}{lr}
33) \text{ Natriumbikarbonat} & 7,5 \text{ g} \\
\text{Kalziumsulfat (Gips)} & \underline{7,5 \text{ .,}} \\
& 15,0 \text{ g}
\end{array}
$$

(Strohecker)[15]

Der Autor schreibt hier ausdrücklich keinen Zusatz eines Trenn- oder Streckmittels vor, da ein solcher nicht nur überflüssig, sondern sogar als ungeeignet zu bezeichnen wäre. Er hält es auch für erforderlich, daß in den Gebrauchsanweisungen der Päckchen auf feuchte Teigführung, gute Durchmengung und hohe Anfangstemperatur des Backofens hingewiesen wird.

DIE UNTERSUCHUNG DER ROHSTOFFE UND DER FERTIGEN BACKPULVER

Die Aufgabe eines Buches wie des vorliegenden kann es nicht sein, eine Schilderung aller der Methoden zu geben, die bei der Untersuchung von Backpulvern und ihrer Bestandteile angewandt werden. Es soll lediglich dem Praktiker Hinweise geben, in welcher Richtung sich die angeführten Untersuchungen zu erstrecken haben und ihn in den Stand setzen, im eigenen Laboratorium sowohl die wichtigsten Reinheitsprüfungen der Rohstoffe durchzuführen, als auch die eigene Fabrikation zu überwachen, sowie sich über die Zusammensetzung von Fabrikaten der Konkurrenz zu orientieren und nicht zuletzt durch vergleichende Backversuche die Güte des eigenen Erzeugnisses zu steigern.

A. UNTERSUCHUNG DER AUSGANGSMATERIALIEN

Im folgenden sollen einige der hauptsächlichsten Untersuchungsmethoden einer Reihe wichtiger Rohstoffe angegeben werden, soweit es sich nicht um besonders schwierige und komplizierte Verfahren handelt, für die wiederum an die einschlägige Fachliteratur verwiesen werden muß [23].

1. NATRIUMBIKARBONAT

Dieser wichtigste Rohstoff muß in einer Reinheit von mindestens 98 % vorliegen. Um eine Gehaltsbestimmung durchzuführen, wird eine Probe des Salzes vorher in einem Exsikkator über konzentrierter Schwefelsäure getrocknet. Wird 1 g des trockenen Salzes in einem Porzellan- oder Platintiegel geglüht, so darf der Rückstand nicht mehr als 0,635 g wiegen. Werden 2 g in 40 ccm dest. Wasser gelöst und mit Methylorange als Indikator mit Normal-Salzsäure titriert, so dürfen von letzterer nicht mehr als 24,1 ccm verbraucht werden. Da 1 ccm Normalsalzsäure 0,08401 g Natriumbikarbonat entspricht, so kann hieraus der genaue Gehalt errechnet werden.

Die wichtigsten Prüfungen auf Verunreinigungen sind folgende:

Auf Sodagehalt: Eine Lösung von 1 g Bikarbonat in 20 ccm Wasser, die bei einer Temperatur nicht über 15° C durch leichtes Umschwenken erfolgt ist, darf bei Zugabe von 3 Tropfen Phenólphthaleïnlösung höchstens schwach gerötet werden.

Auf Thiosulfatgehalt: Eine wässerige Lösung von 1 g in 49 ccm Wasser darf nach Ansäuern mit Salpetersäure keine Trübung zeigen.

Auf Chloride (Kochsalz!): Dieselbe mit Salpetersäure versetzte Lösung darf bei Zugabe von 5%iger Silbernitratlösung höchstens eine ganz leichte Trübung (Opaleszenz) zeigen.

Auf Schwermetalle (Blei usw.): Eine Lösung wie oben 1:49 darf auf Zusatz einer Natriumsulfidlösung nicht verändert, vor allem nicht dunkel gefärbt werden oder einen Niederschlag ausscheiden. Die Natriumsulfidlösung wird aus 5 g Natriumsulfid in 10 ccm dest. Wasser und 30 ccm Glyzerin hergestellt.

Auf Arsen: 1 g Natriumbikarbonat darf nach Vermischen mit 5 ccm Natriumhypophosphitlösung und 15 Minuten langem Erhitzen auf dem Wasserbad keine dunkle Farbe der Lösung zeigen. Die Hypophosphitlösung wird hergestellt, indem man 20 g dieses Salzes in 40 ccm Wasser auflöst und diese Lösung in 180 ccm konzentrierter Salzsäure eingießt. Nach einiger Zeit ist diese Lösung von einem gebildeten Niederschlag abzugießen.

2. AMMONIUMKARBONAT UND -BIKARBONAT

Die Prüfung auf fremde Beimischungen wird auf analoge Weise wie bei Natriumbikarbonat ausgeführt. Auf Arsen braucht nicht geprüft zu werden. Das Salz darf außerdem beim Erhitzen auf dem Wasserbad keinen Rückstand hinterlassen.

3. KOHLENSAURER KALK

Dieser darf vor allem kein Kalziumoxyd enthalten. Zur Prüfung darauf kocht man 3 g mit 50 ccm Wasser aus und filtriert. Das Filtrat darf rotes Lackmuspapier nicht blau färben.

1 g muß bei Lösen in 6 ccm verdünnter Essigsäure eine klare Lösung ergeben. Bei Zugabe von Ammoniak darf kein Niederschlag entstehen, der auf Aluminium oder Phosphate deutet. Bei Zugabe von Bariumnitrat zu einer wässerigen Lösung darf kein Niederschlag entstehen (Sulfate) und in der mit Salpetersäure angesäuerten Lösung darf Silbernitrat wieder höchstens eine Opaleszens erzeugen (Chloride).

4. WEINSTEIN

Der Gehalt muß mindestens 99% betragen. Der Gehalt wird festgestellt, indem man eine Lösung von 2 g Weinstein in 100 ccm Wasser in der Hitze mit Normalkalilauge unter Verwendung von Phenolphthaleïn als Indikator titriert. Es müssen hierbei mindestens 10,5 ccm der Lauge verbraucht werden. 1 ccm Normalkalilauge entspricht 0,18814 g Weinstein.

Prüfung auf Ammonsalze: 1 g Weinstein darf mit 5 ccm 20%iger Natronlauge keinen Geruch nach Ammoniak ergeben.

Sulfate und Chloride: Eine Lösung von 0,5 g in 10 ccm Wasser und 1 ccm Salpetersäure darf mit Bariumnitratlösung (5%) und mit Silbernitratlösung (5%) keine Trübung, mit letzterer höchstens leichte Opaleszenz geben.

Schwermetalle: 1 g Weinstein wird in 15 ccm Wasser und 3 ccm Ammoniak gelöst. Mit 3 Tropfen Natriumsulfidlösung (s. o.) darf auch nach Zugabe von verdünnter Essigsäure keine Veränderung stattfinden.

Arsen: 1 g wird mit 2 ccm Salzsäure und 2 Tropfen Bromwasser und 3 ccm Natriumhypophosphitlösung auf dem Wasserbad erwärmt. Nach 15 Minuten darf keine Dunkelfärbung erfolgen.

5. WEINSÄURE

0,2 g Weinsäure dürfen nach dem Verbrennen keinen wägbaren Rückstand hinterlassen. Eine mit Ammoniak annähernd neutralisierte Weinsäurelösung darf auf Zugabe von Ammoniumoxalat oder Gipslösung keine Veränderung erfahren, da sonst die Möglichkeit des Vorhandenseins von Oxalsäure (Gift!) oder Traubensäure gegeben ist.

Wichtig ist hier die Prüfung auf Bleisalze: 5 g Weinsäure gelöst in 10 ccm Wasser, 13 ccm Ammoniak und 2 ccm verdünnter Essigsäure dürfen mit 3 Tropfen Natriumsulfidlösung keine dunklere Farbe geben, als eine Mischung von 10 ccm verdünnter Bleiazetatlösung und ebenfalls 3 Tropfen Natriumsulfidlösung. Die verdünnte Bleiazetatlössung besteht aus 0,1 ccm einer 10%igen Bleiazetatlösung und 550 ccm Wasser.

6. ZITRONENSÄURE

Wird 1 g zerriebene Zitronensäure mit 10 ccm konzentrierter Schwefelsäure im Wasserbad 1 Stunde auf 80—90° C erhitzt, so darf sich die Flüssigkeit nur gelb, nicht aber braun oder schwarz färben. Im letzteren Falle ist sonst Weinsäure oder Weinstein vorhanden. Die übrigen Prüfungen erfolgen wie bei der Weinsäure.

7. KALZIUMLAKTAT

Gehalt mindestens 70,5—73% entsprechend 17,2—18,4% Kalzium. Der Gehalt wird durch Ermittlung des letzteren bestimmt: 0,5 g werden bei 100° C getrocknet, verascht und geglüht und der Rückstand in

10 ccm Normal-Salzsäure gelöst. Zum Zurücktitrieren der überschüssigen Säure dürfen nicht mehr als 5,7 und nicht weniger als 5,4 ccm Normal-Kalilauge verbraucht werden.

Das Salz muß sich ferner klar und farblos in Wasser lösen (Lösung 1 g in 19 ccm Wasser). Durch Phenolphthaleïn darf die Lösung nicht gerötet werden, da sonst Kalziumoxyd vorhanden ist.

Auf Schwermetalle und Arsen wird wie bei den anderen Stoffen geprüft.

8. ALAUN

Prüfung auf Schwermetalle wie üblich durch Versetzen der mit Essigsäure angesäuerten wässerigen Lösung mit einigen Tropfen Natriumsulfidlösung. Ebenso auf Arsen durch Vermischen von 1 g mit 3 ccm Natriumhypophosphitlösung und Erwärmen.

9. ALUMINIUMSULFAT

Wie bei Alaun. Auf freie Schwefelsäure wird geprüft durch Herstellen einer 10%igen wässerigen Lösung und Vermischen mit gleichen Teilen einer n/10 Natriumthiosulfatlösung. Eine Trübung zeigt freie Schwefelsäure an.

10. PHOSPHATE

Die Prüfung auf Verunreinigungen wie Schwermetalle, Chloride, Sulfate, Ammonsalze usw. erfolgt in analoger Weise. Bei der Herstellung von Backpulvern auf der Basis von Monokalziumphosphat ist, wie schon S. 29 erwähnt wurde, eine genaue Gehaltsbestimmung des immer sekundäres und wenig tertiäres Salz enthaltenden Monophosphats notwendig. Die Untersuchung wird nach S e e l i g [10] folgendermaßen ausgeführt:

0,5 g Phosphat werden in 25 ccm Wasser und 40 ccm einer 40%igen Kalziumchloridlösung gelöst und mit 10 Tropfen 1%iger alkoholischer Phenolphthaleïnlösung versetzt. Dann wird die Lösung ohne Filtration mit ½ normaler Natronlauge titriert. Verbrauchte ccm Lauge × 100 = = ccm Normal-Lauge in 100 g Phosphat = Biphosphatsäurewert (Gehalt an Monokalziumphosphat). 1 ccm Natronlauge entspricht hierbei 58,5 mg $Ca(H_2PO_4)_2$ oder 63 mg des ein Molekül Kristallwasser enthaltenden Salzes. Die Berechnung der notwendigen Bikarbonate wird auf das letztere abgestellt. 63 mg Phosphat entsprechen jeweils 42 mg Natriumbikarbonat.

B. UNTERSUCHUNG FERTIGER BACKPULVER-MISCHUNGEN

1. SINNENPRÜFUNG

Der Kundige wird schon aus dem bloßen Aussehen eines Backpulvers, dem Geruch und Geschmack in vielen Fällen weitgehende Schlüsse auf die Zusammensetzung oder die Güte eines Erzeugnisses ziehen können: Eine leicht gelbliche Färbung läßt meist auf Zusatz von Mehl als Streckmittel schließen. Sind dunklere Teilchen untermischt, handelt es sich oft um Mehldunst. Geruch nach Ammoniak (Salmiakgeist) und ebensolcher Geschmack deutet auf Ammonsalze, je nach Stärke entweder als Hauptbestandteil oder als Zusatz, hin. Ist beim Kosten des Pulvers ein sandiges Gefühl zwischen Zähnen zu bemerken, so wurde als Füllmittel oft kohlensaurer Kalk, namentlich in nur gemahlener Form und nicht als gefälltes Karbonat, verwendet. Beim Verreiben des Pulvers zwischen den Fingern läßt sich bei einiger Übung leicht die Feinheit des Materials beurteilen. Wenn gerade noch Körnchen fühlbar sind, genügt in den meisten Fällen der Feinheitsgrad, der natürlich durch Sieben noch genauer geprüft werden muß. Dabei darf sich auf einem Sieb von 0,5 mm Maschenweite kein größerer Rückstand mehr befinden (s. Fabrikation).

2. MIKROSKOPISCHE PRÜFUNG

Durch sie läßt sich am einfachsten eine Beimischung von Stärke erkennen. Auch die Art der verwendeten Stärke läßt sich aus den charakteristischen Formen der verschiedenen Stärkekörner nachweisen. Mehl läßt sich durch die mikroskopische Prüfung meist erkennen. Die mikroskopische Prüfung wird zweckmäßig so ausgeführt, daß man auf den Objektträger einen Tropfen Wasser bringt und darin eine winzige Menge des Pulvers verreibt und das Ganze mit dem Deckglas bedeckt. Allerdings ist eine gewisse Übung erforderlich, da die meisten Triebsalze in Berührung mit dem Wasser bereits Kohlensäure entwickeln, was sich durch große Gasblasen bemerkbar macht. Doch sind zwischen den Blasen z. B. Stärkekörner usw. leicht zu erkennen, namentlich, wenn man etwas Jodlösung zusetzt, wodurch letztere schön blau gefärbt werden.

3. LÖSEPROBE

Beim Auflösen oder Aufschwemmen einer Messerspitze Backpulver lassen sich weitere wichtige Beobachtungen machen: Eine mehr oder weniger stark einsetzende Gasentwicklung oder auch deren Ausbleiben deutet auf guten oder weniger guten Vortrieb oder dessen Fehlen hin. Besteht das Pulver nur aus Triebmittel ohne Füllstoffe, so löst sich meist das ganze Pulver nach einiger Zeit klar auf. Mehl, Stärke oder andere organische Füllmittel verleihen der Flüssigkeit eine gleichmäßige Trübe auch nach Aufhören der Gasentwicklung, welche durch Zugabe verdünnter Salzsäure nicht verschwindet. Liegt dagegen kohlensaurer

Kalk als Füllmittel vor, so setzt sich dieser meist nach kurzer Zeit als Schicht am Boden ab. Gibt man nun verdünnte Salzsäure zu, so steigen sofort zahlreiche Gasblasen aus dieser Schicht auf und, falls nicht noch Mehl oder Stärke außerdem vorhanden ist, löst sich bald alles vollständig klar. Tritt auch mit Säure keine Lösung ein, so kann Gips oder unlösliche Phosphate vermutet werden.

Selbstverständlich dürfen aus diesen Beobachtungen keine bündigen Schlüsse auf die Zusammensetzung gezogen werden, sie dienen aber als wichtige Hinweise, in welcher Richtung eine genauere Untersuchung zu erfolgen hat.

Bevor auf die genauere chemische Prüfung, nämlich diejenige der Triebkraft, und den Nachweis der Einzelbestandteile eingegangen wird, soll zuerst die wichtigste Beurteilungsgrundlage für alle Triebsalze besprochen werden, es ist dies der

4. BACKVERSUCH

Zur Durchführung des Backversuches sind verschiedene Rezepte für die Teigbereitung angegeben worden:

Tillmanns und Guettler verwendeten zu ihren mehrfach besprochenen Versuchen eine Teigmischung aus 500 g Weizenmehl, 100 g Zucker, 100 g Margarine und 350 g Milch.

Hasterlik verwendet nur einen einfachen Teig ohne Zutaten von Zucker und Fett nach folgender Vorschrift: 250 g helles Weizenmehl werden mit 175 g Wasser und etwas Kochsalz unter gleichzeitiger Zugabe des halben Tüteninhalts des betreffenden Backpulvers vermischt und zu einem gleichmäßigen Teig verknetet und dieser sofort bei 230° C abgebacken.

In einer neueren Arbeit gibt E. Tornow[22] nachstehende Anleitung zur Durchführung exakter Backversuche unter Verwendung von nur 100 g Mehl, die sich namentlich zur Ausführung größerer Serienversuche durch die Zeit und Material sparende Arbeitsweise bei guter Reproduzierbarkeit auszeichnen dürfte.

„Das abgewogene Mehl (100 g) wird mit dem Backpulver durchgesiebt und in Neubauerschalen kreisförmig verteilt. In die Mitte des Gefäßes werden 30 g Zucker geschüttet, der mittels eines Porzellanspatels von 20 cm Länge durch etwa 100 Bewegungen mit 80—85 ccm Magermilch verrührt wird. Danach wird das Mehl untergerührt und ist nach weiterem 100maligen Verkneten vollständig und gleichmäßig zu einem weichen Teig verarbeitet. Von diesem Teig werden 200 g mit dem Porzellanspatel in eine vorher gefettete oder mit einem Trennmittel ausgestrichene tarierte Form eingewogen. Es können die üblichen viereckigen Backformen oder auch kleine Königskuchenformen verwendet werden. Die gesamte Teigmasse beträgt bei Anwendung von 100 g Mehl, 30 g Zucker, 80 ccm Milch und 3—3,5 g Backpulver etwa 210 g, so daß gut 200 g davon abgewogen werden können, ohne daß die im Gefäß zurückbleibenden Reste unter Zeitverlust quantitativ entfernt werden müssen. Bei Anwendung von 85 oder 90 ccm Milch können sogar 210 g Teigmasse abgewogen werden. Es ist unmöglich, die weiche Backpulvermasse aus dem Anknetgefäß so restlos zu entfernen wie bei Hefenteig und zu verbacken, daher ist die Verwendung einer gleichbleibenden gewogenen Teigmenge für vergleichende Untersuchungen notwendig. Die in Formen gefüllten Teige bleiben 10 Minuten bei Zimmertemperatur von 20^0 C stehen und werden dann in den auf 190 bis 200^0 C angeheizten Backofen gesetzt und 50 Minuten verbacken. Die volle Triebwirkung erfolgt erst im Backofen, wo sie sich bereits nach 10 Minuten bemerkbar macht.'' Zur exakten Durchführung größerer Versuchsreihen ist diese Methode sicher sehr zu empfehlen. Das wichtigste bei der Anstellung von Backversuchen ist, daß alle Backproben völlig gleich nach einem bestimmten Rezept und einem bestimmten Schema erfolgen, da sonst genaue Vergleiche unmöglich sind.

Die nach einem der obigen oder auch nach anderen Rezepten hergestellten Backproben, läßt man bis zum nächsten Tag stehen und unterzieht sie dann verschiedenen Prüfungen:

a) Farbe des Gebäcks: Sie soll gleich der des verwendeten Mehles sein. Verfärbungen der Krume in Gelb oder gar Grün, sowie die Bildung brauner oder schwarzbrauner Flecken sollen nicht auftreten.

b) Geschmack: Es darf kein fremdartiger (nach ,,Apotheke''), laugenhafter oder seifiger Geschmack vorhanden sein. Auch keinerlei Ammoniakgeruch oder -geschmack. Außerdem darf kein sandiges Gefühl beim Verzehren zu bemerken sein.

c) Porenbildung: Die Poren sollen gleichmäßig sein. Wasserstreifen oder rissige Stellen dürfen nicht auftreten. Es sollen auch keine größeren Löcher im Gebäck zu bemerken sein. Die Prüfung auf Porenbildung ist mit die wichtigste und gibt wertvolle Anhaltspunkte für die Güte eines Triebsalzes wie die später zu besprechende Feststellung der Triebkraft auf chemischem Wege!

d) Volumbestimmung: Der Rauminhalt, den das fertige Gebäck einnimmt, wird durch Messung einer durch das Gebäck verdrängten Flüssigkeitsmenge oder noch zweckmäßiger eines festen Körpers ermittelt, da in diesem Falle das Probestück nachher leicht den anderen

Prüfungen unterworfen werden kann. Als ein solcher fester Körper eignet sich am besten Rapssamen, der kleine, fast runde Körner bildet. Die Vorrichtung zur Volumbestimmung mit Rapssamen besteht aus einem Blechtrichter, der am Ansatz des Trichterhalses mit einem Schieberverschluß versehen ist. Der Trichter wird in einem Gestell befestigt, und zwar über einem zylindrischen Glasgefäß. Der Trichter wird mit dem Rapssamen gefüllt, dessen Menge so groß sein muß, daß das Glasgefäß bis zum Überlaufen mit dem Samen gefüllt werden kann. Durch Öffnen läßt man aus dem Trichter den Rapssamen in das Glasgefäß fließen, bis die Körner über den Rand treten. Dann wird mit einem geraden Lineal das Gefäß scharf abgestrichen. Der Rest im Trichter und das Übergelaufene wird in das Vorratsgefäß zurückgegeben.

Mit diesem Vorgang ist das Glasgefäß geeicht. Sein Inhalt wird nun wieder in den Trichter gebracht. Hierauf läßt man soviel vom Trichter in das Gefäß auslaufen, bis der Boden mit dem Samen bedeckt ist, setzt das Gebäck vorsichtig in das Glas und läßt den Inhalt des Trichters vollends einlaufen. Hierbei läuft natürlich so viel über, als dem Volum des Gebäckes entspricht. Man streicht wieder glatt und bringt alles Übergelaufene in einen mit ccm-Einteilung versehenen Meßzylinder, an welchem dann das Volum des Gebäckes direkt abgelesen werden kann. Das Volum einer nach der Vorschrift von Hasterlik aus 250 g Mehl hergestellten Backprobe soll etwa 600 ccm betragen.

e) Lockerungsgrad: Unter Lockerungsgrad versteht man das Volum, das von 100 g eines Gebäcks eingenommen wird. Die Bestimmung wird so ausgeführt, daß man zuerst die Backprobe vorsichtig mit einem scharfen Messer in zwei Hälften zerteilt, wobei acht zu geben ist, daß das Gebäck nicht zusammengedrückt wird. Dann mißt man mit einem Zirkel oder einer Schublehre die Höhe einer Hälfte am Scheitelpunkt. Man bohrt hierauf mit einem scharfen Korkbohrer unter Drehen durch die ganze Höhe des Stückes einen Zylinder heraus, welchen man mit einem Glasstab oder dergleichen aus dem Bohrer herausstößt. Der kleine Zylinder wird gewogen. Sein Volum errechnet sich aus dem leicht zu messenden Durchmesser des Korkbohrers und der Höhe des Gebäcks nach der bekannten Formel: $\frac{\pi d^2 \times h}{4}$, worin d = = Durchmesser des Bohrers, h = die Höhe des Gebäckes und π = = 3,1416 ist. Aus dem Gewicht g des Zylinders und seinem Volum v errechnet sich dann der Lockerungsgrad L $= \frac{100 \times v}{g}$. Aus Gewicht und Volum ist dann auch das spezifische Gewicht der Probe $s = \dfrac{g}{v}$ zu ermitteln.

Ein gut gelockertes Brot hat einen Lockerungsgrad von 250 und höher.

5. DIE CHEMISCHE UNTERSUCHUNG

Die zunächst wichtigste Untersuchung nach der Backprobe ist die Feststellung der sog. Triebkraft des Backpulvers auf chemischem Wege. Hierzu wird zuerst die gesamte im Triebsalz vorhandene Kohlensäure bestimmt, dann diejenige Menge, welche beim Backprozeß nicht in Freiheit gesetzt werden kann, die sog. unwirksame Kohlensäure. Aus der Differenz von gesamter und unwirksamer Kohlensäure errechnet sich die gesamte Triebkraft. Durch Messung derjenigen Kohlendioxydmenge, die bereits bei Zimmertemperatur beim Anrühren des Teiges entwickelt wird, erhält man den Vortrieb. Der Nachtrieb ergibt sich wiederum aus dem Unterschied von gesamter Triebkraft und dem Vortrieb.

Aus der großen Zahl der für die vorstehenden Bestimmungen ausgearbeiteten Methoden sei hier nur die von Tillmanns, Strohecker und Heublein[9] angegeben, da sie für alle praktischen Zwecke ausreichend ist.

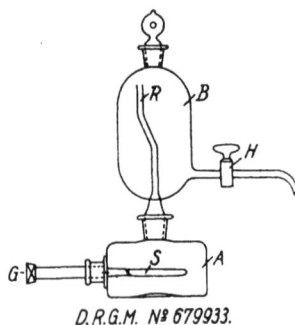

D.R.G.M. № 679933.

Abb. 13 Apparat nach Tillmanns zur Bestimmung der Triebkraft.

Der für diese Bestimmungen verwendete Apparat nach Tillmanns, Abbildung 13, besteht aus einem flachen zylindrischen Unterteil A, der einen seitlichen und einen oberen Ansatz (Tubes) trägt. In dem seitlichen Tubus ist ähnlich wie bei einem Glashahn ein Glasstück eingeschliffen, das sich an einem Griff, G, drehen läßt und das am andern Ende ein flaches Gefäß (Schiffchen) mit etwa 30 ccm Inhalt trägt. Auf dem oberen Tubus sitzt der zylindrische Oberteil B, der mit dem Unterteil durch das Steigrohr R in Verbindung steht, das bis nahe an das obere Ende des oberen Teils reicht. An seinem unteren Ende trägt der Aufsatz ein Glasrohr mit Auslaufspitze und einem Hahn H. Der obere Teil ist mit einem Glasstopfen versehen.

Die Handhabung des Apparates für die einzelnen Bestimmungen ist folgende:

a) *Bestimmung der Gesamtkohlensäure:* 0,5 g des zu untersuchenden Backpulvers werden in das ganz trockene Schiffchen des Unterteils gebracht, nachdem der letztere vorher durch den oberen Tubus mit etwa 20 ccm verdünnter Salzsäure (etwa 2:1) beschickt wurde. Dann wird der obere Teil aufgesetzt. Durch dessen Tubus wird er soweit mit gesättigter Kochsalzlösung gefüllt, daß die Flüssigkeitsoberfläche ungefähr 3—4 cm unter der Öffnung des Steigrohrs steht. Man schiebt nun das Schiffchen vorsichtig in den Unterteil ein und sorgt vorher durch Einfetten des Schliffes für absolut dichtes Schließen des Apparates. Nun öffnet man den seitlichen Hahn, worauf aus dem Apparat so lange Kochsalzlösung ausfließt, bis der Druck im Innern des Apparats dem äußeren Luftdruck angeglichen ist. Fließt kein Tropfen mehr aus, so kippt man durch Drehen des Schiffchens das Pulver in die Säure, worauf sofort Gasentwicklung einsetzt. Das Gas steigt durch das Steigrohr in den Raum über der Kochsalzlösung und verdrängt diese aus dem Oberteil, so daß sie aus dem seitlichen Glasrohr ausfließt und zwar so lange, als noch Kohlendioxyd nachströmt.

Mit dem Aufhören der Kohlendioxydentwicklung hört auch das Ausfließen der Kochsalzlösung auf. Ihr Volum entspricht also genau dem der entwickelten Kohlensäure. Wenn gegen den Schluß der Gasentwicklung nur noch wenige Tropfen ausfließen, faßt man den Apparat vorsichtig bei dem Tubus an, der Ober- und Unterteil verbindet, und bewegt ihn auf dem Tische hin und her. Dies wird so oft wiederholt, bis kein Tropfen mehr aus dem Hahn ausfließt, also alles Backpulver mit der Säure reagiert hat. Vor jedem Bewegen muß der Hahn geschlossen und nachher wieder geöffnet werden. Das Berühren der beiden Gefäße selbst ist unbedingt zu vermeiden, da sich sonst durch die Wärme der Hand das Gas ausdehnen, und so zu erheblichen Fehlern Anlaß bieten würde.

Aus dem so erhaltenen Volum der Kohlensäure in ccm wird deren Gewicht durch multiplizieren mit 0,001977 errechnet, da 1 ccm Kohlendioxyd 1,977 mg wiegt. Die Bestimmung ist aber nur genau, wenn sie bei mittlerer Zimmertemperatur als etwa 20 Grad und einem Barometerstand von 760 mm Quecksilber ausgeführt wird. Für stärker abweichenden Luftdruck und einer wesentlich höheren Temperatur errechnet man zweckmäßig das Volum des Gases bei den sog. Normalbedingungen, also 0 Grad und 760 mm Quecksilber nach einer Gaskorrektionstabelle.

b) *Bestimmung der unwirksamen Kohlensäure:* 0,5 g Triebsalz werden in ein Becherglas von etwa 200 ccm gebracht und mit 50 ccm destilliertem Wasser übergossen. Dann wird die Lösung gekocht und von

Beginn des Siedens an gerechnet $1/4$ Stunde lang im Sieden erhalten. Man spült hierauf den ganzen Inhalt des Becherglases in eine Porzellanschale und dampft auf einem Wasserbade zur Trockene ein. Der trockene Rückstand wird mit 5 ccm 10%iger Ammoniaklösung befeuchtet und wieder zur Trockene verdampft. Hierauf wird die Schale in einem Trockenschrank $1/2$ Stunde lang auf 120° C erhitzt. Dann bringt man den gesamten Inhalt der Schale unter Anfeuchten mit etwa 20 ccm destilliertem Wasser in das Schiffchen des Bestimmungsapparats und füllt den Unterteil wieder mit Salzsäure und verfährt weiter genau wie bei der Bestimmung der Gesamtkohlensäure beschrieben.

c) *Bestimmung des Vortriebs:* Man bringt in das Schiffchen wieder 0,5 g Backpulver, in den Unterteil dagegen 20 ccm Wasser und verfährt wieder genau wie beschrieben. Bei dieser Bestimmung hört aber das Ausfließen der Kochsalzlösung nicht ganz auf und man sieht daher die Bestimmung als beendet an, wenn nach wiederholtem Schütteln nicht mehr als 2—3 Tropfen ausfließen.

Selbstverständlich muß man bei allen drei Untersuchungen die erhaltene Kohlensäuremenge in ccm oder g noch mit dem doppelten Gewicht des Päckcheninhaltes multiplizieren, da ja nur jedesmal 0,5 g verwendet wurden. Man erhält so die einem Backpulver entsprechenden Mengen.

d) *Ermittlung des gesamten Natriumbikarbonat-Gehaltes:* Die unter a und b erhaltenen Werte sagen naturgemäß noch nichts darüber aus, in welcher Form die unwirksame Kohlensäure vorliegt, da ja auch kohlensaurer Kalk mit der Salzsäure reagiert. Zu einer vollständigen Triebkraftuntersuchung gehört also noch die Ermittlung der gesamten Menge an Natriumbikarbonat, sowie die Menge des unzersetzten Natrons bzw. des kohlensauren Kalkes, da ja die unwirksame Kohlensäure auch ganz oder nur zum Teil von letzterem bestimmt sein kann.

Zur Bestimmung des gesamten Bikarbonatgehaltes geht man folgendermaßen vor:

2 g werden in ein Becherglas gebracht und mit Benzin oder Petroläther angefeuchtet, damit keine vorzeitige Umsetzung stattfinden kann. Man gießt nun 100 ccm eines Gemisches von Ammoniak und Ammonoxalat auf das Pulver und schüttelt um. Das Reagens wird bereitet indem man 20 ccm 10%igen Ammoniaks mit 25 ccm Ammoniumoxalatlösung (1 Gew.-Teil Ammonoxalat und 5 Teile Wasser) vermischt und die ganze Lösung durch Zugabe von destilliertem Wasser auf eine Menge von 1 Liter bringt.

Durch das Reagens wird bewirkt, daß das gesamte Natriumbikarbonat in Natriumkarbonat (Soda) und Ammoniumkarbonat verwandelt wird, ohne mit dem sauren Anteil des Pulvers in Reaktion treten zu können. Der kohlensaure Kalk bleibt dabei unverändert. Weinstein wird zum Teil gelöst, zum Teil abgeschieden. Phosphate gehen zum Teil in lösliches Ammoniumphosphat und unlösliches Kalziumoxalat über, zum Teil werden sie als tertiäre Phosphate ausgefällt. Etwa vorhandener Gips bleibt zum größten Teil ungelöst. Der kleine sich lösende Anteil wird ebenfalls als Kalziumoxalat ausgefällt.

Man läßt nun unter öfterem Umschütteln eine zeitlang stehen und gießt dann die Flüssigkeit durch ein Filter. In der durchlaufenden Flüssigkeit ist nun alles Natriumbikarbonat als Sodalösung enthalten.

25 ccm des Filtrats, die wieder 0,5 g Backpulver entsprechen, bringt man in das Schiffchen des Tillmanns-Apparates, beschickt das Unterteil mit Salzsäure und verfährt wie mehrfach beschrieben.

Die Anzahl der erhaltenen ccm Kohlendioxyd multipliziert man mit dem Faktor 3,75 und dividiert durch 1000, und erhält so die Menge Natriumbikarbonat in g, welche in 0,5 g Backpulver enthalten ist und daraus weiterhin durch Multiplikation mit der doppelten Päckchenmenge die Gesamtmenge.

e) *Bestimmung des Überschusses an Natriumbikarbonat:* Da diese Menge meist nur gering ist, schwemmt man den ganzen Inhalt einer Triebsalztüte mit 100—200 ccm dest. Wasser auf und verfährt dann genau so wie bei der Bestimmung der unwirksamen Kohlensäure beschrieben, jedoch mit dem Unterschied, daß man den Trockenrückstand am Schluß vollständig in ein 100 ccm fassendes Meßkölbchen spült, gut vermischt, das Kölbchen bis zur Marke auffüllt und filtriert. 25 ccm des Filtrats werden wieder in dem Tillmanns-Apparat zersetzt.

Die Anzahl der erhaltenen ccm mal 4 mal dem Faktor 0,03 ergibt unmittelbar die Menge an wirksamem Natriumbikarbonat in g in der Triebsalztüte.

f) *Menge des kohlensauren Kalks:* Sie kann rechnerisch ermittelt werden durch Umrechnung des Unterschieds der Gesamtkohlensäuremenge und der Bikarbonatkohlensäuremenge. Es empfiehlt sich jedoch zur Sicherheit eine genaue Bestimmung. Man benützt hierzu den Rückstand, der nach der Filtration bei der Bestimmung des Gesamtbikarbonatgehalts nach d übrigbleibt. Man bringt diesen vollständig auf das Filter, wäscht etwas aus und bringt das mit einem Glasstab in kleine Stückchen zerrissene Filter in den Apparat zusammen mit etwa 20 ccm Wasser. Man füllt diesmal das Schiffchen mit Salzsäure und verfährt wie üblich. Die erhaltene Menge Kohlensäure wird durch Multiplikation mit 4,5 und Division durch 1000 auf kohlensauren Kalk umgerechnet.

6. DIE CHEMISCHE UNTERSUCHUNG ZUR FESTSTELLUNG
DER EINZELBESTANDTEILE (qualitative Prüfungen)

Für die Beurteilung der Zusammensetzung von Triebsalzen und die Feststellung etwaiger Bestandteile, welche in einem Backpulver nichts zu
suchen haben, genügt in den allermeisten Fällen der einfache Nachweis des Vorhandenseins der einzelnen Stoffe. Selbstverständlich ist
zu einer gründlichen chemischen Untersuchung auch deren Mengen-
nachweis notwendig, doch würde die Schilderung der zum Teil schwierigen
und komplizierten Methoden den Rahmen dieser Schrift wiederum übersteigen. Für die Zwecke des Praktikers ist die qualitative chemische
Prüfung in den meisten Fällen ausreichend.

a) *Weinsäure und ihre Salze (Weinstein):* Man erhitzt 0,2—0,3 g des
Backpulvers in einem Reagensglas zusammen mit einer Messerspitze
Resorzin und 5—10 ccm reinster konzentrierter Schwefelsäure langsam
mit einer kleinen Flamme. Die Flüssigkeit nimmt eine violette Farbe
an, wenn Weinsäure oder eine ihrer Verbindungen zugegen ist. Enthält
das Backpulver Mehl oder Stärke, so würden diese Stoffe durch die
Schwefelsäure verkohlt werden und die Reaktion wäre unsichtbar. Man
läßt in diesem Falle einen Teil des Pulvers in etwa 5%iger Salzsäure
24 Stunden stehen, filtriert, dampft auf einem Wasserbad zur Trockene
ein und stellt mit dem Rückstand die obige Prüfung an. Durch diese
Prüfung kann jedoch nicht entschieden werden, ob Weinsäure als solche
oder Weinstein (das saure Kaliumsalz der Weinsäure) vorliegt. Sind
außerdem keine Kaliumsalze im Backpulver anwesend, was in den
wenigstens Fällen der Fall ist, so kann die Entscheidung durch Prüfung
der Flammenfärbung gefällt werden.

Man erhitzt hierzu ein paar Körnchen des Pulvers auf einem Magnesia-
stäbchen in einer nichtleuchtenden Gas- oder Spiritusflamme und beob-
achtet die Flamme durch ein Kobaltglas: Eine violette Färbung der
Flamme zeigt das Element Kalium an. Es empfiehlt sich aber, die Reaktion nur dann als positiv anzusehen, wenn die violette Färbung sehr
deutlich zu sehen ist. In Zweifelsfällen muß eben eine genaue Analyse
vorgenommen werden.

b) *Zitronensäure und ihre Salze:* Das Triebsalz wird in etwas dest.
Wasser gelöst, evtl. Unlösliches abfiltriert und ein Teil davon in einem
Reagensglas mit einigen ccm einer Lösung in 5 g Quecksilberoxyd in
100 ccm Wasser und 20 ccm Schwefelsäure versetzt. Dann erhitzt man
zum Sieden und gibt 3—10 Tropfen einer Lösung von 3 g Kaliumpermanganat (übermangansaures Kali) in einem Liter Wasser zu: Die
zuerst durch das Kaliumpermanganat gefärbte Lösung entfärbt sich und
es bildet sich ein Niederschlag von feinen Kristallen. Bezüglich der

Säure und ihrer Salze gilt hier ähnliches wie bei der Weinsäure beschrieben, sie können nur durch eine genaue Analyse unterschieden werden.

c) *Milchsäure:* Man geht vor wie bei b, indem man die wässerige Lösung des Backpulvers mit 2 ccm konz. Schwefelsäure versetzt, 2 Minuten auf dem Wasserbade erhitzt und 1—2 Tropfen einer 5%igen alkoholischen Guajakol- oder Codeïnlösung nach dem Abkühlen zugibt: Mit Guajakol entsteht eine fuchsinrote, mit Codeïn eine gelbe Färbung.

d) *Schwefelsäure, bzw. Sulfate:* Man löst etwas Backpulver in verdünnter Salzsäure auf, filtriert evtl. ab und gibt zu der Lösung einige ccm einer 10%igen Bariumchloridlösung in dest. Wasser zu: Es bildet sich ein weißer Niederschlag. Da Sulfat als Natriumbisulfat, Alaun oder Aluminiumsulfat, und als Kalziumsulfat (Gips) im Backpulver vorhanden sein kann, muß diese Prüfung bei positivem Ausfall ebenfalls noch durch eine genauere Analyse ergänzt werden. Liegt nur Gips vor, so wird bei Verwendung von nur ganz wenig Triebsalz nur eine Trübung oder ein geringer Niederschlag entstehen, da Gips nur sehr wenig löslich ist. Liegen aber Aluminiumsalze der Schwefelsäure oder gar Bisulfat vor, so wird sich auch bei Verwendung von nur einer kleinen Messerspitze Backpulver sofort ein starker Niederschlag bilden. Die Entscheidung, ob Aluminiumsalze oder nicht vorhanden sind, ist auf qualitativem Wege wieder einfacher zu lösen. Es sind hier zwei verschiedene Wege einzuschlagen, je nachdem, ob außerdem noch Phosphate vorhanden sind oder nicht:

Bei Abwesenheit von Phosphaten löst man 0,5—1 g in verdünnter Essigsäure, filtriert und gibt einige Tropfen einer Lösung von 0,1 g Morin (Gelbholzextraxt) in 100 ccm Alkohol hinzu: Es entsteht eine lange haltbare grüne fluoreszierende Farbe (im darauffallenden Licht grün, gegen das Licht betrachtet gelb = Fluoreszenz).

Ist Phosphat anwesend, so muß man in verdünnter Salzsäure lösen. Nach dem Filtrieren gibt man etwas Natronlauge zu, bis die Lösung alkalisch reagiert (Lackmuspapier!) und fällt das Phosphat durch Zugabe von Chlorkalziumlösung (etwa 10%ig) aus. Man filtriert ab und macht mit Essigsäure wieder sauer und gibt wie oben einige Tropfen der Morinlösung dazu, worauf bei Anwesenheit von Aluminium wieder die grüne Fluoreszenz eintritt.

e) *Phosphorsäure und Phosphate:* Zum Nachweis von Phosphaten stellt man sich folgende Lösung her: Man löst 15 g Ammoniummolybdat in 100 ccm destilliertem Wasser. Dann mischt man 100 ccm konz. Salpetersäure mit 130 ccm dest. Wasser und gießt in 100 ccm dieser Mischung die Ammonmolybdatlösung hinein. Eine anfänglich entstehende Trübung löst sich wieder auf. Nach längerem Stehen setzt diese Lösung meist eine gelbe Kruste an, die ohne Bedeutung ist.

Zur Prüfung des Triebsalzes auf Phosphate löst man eine geringe Menge desselben in verdünnter Salpetersäure und filtriert, wenn nötig. Nun gibt man in ein Reagensglas die wie oben zubereitete Ammonmolybdatlösung und versetzt sie mit einigen Tropfen der salpetersauren Backpulverlösung. Es ist wichtig, daß genau wie beschrieben, verfahren wird, also viel Molybdatlösung mit wenig der zu prüfenden Lösung zusammengebracht wird, da sonst die Prüfung leicht versagt, während sie sonst absolut sicher und zuverlässig ist. Ist Phosphat vorhanden, so bildet sich bereits in der Kälte ein schöner gelber Niederschlag. Ist nur sehr wenig vorhanden, so entsteht oft zuerst nur eine gelbe Färbung der Lösung und der Niederschlag bildet sich erst nach einiger Zeit. Stets muß aber ein Niederschlag entstehen, eine bloße Gelbfärbung ist kein Beweis für das Vorhandensein von Phosphat! Ein reines Phosphatbackpulver enthält übrigens immer so viel dieser Verbindungen, daß die Reaktion ganz eindeutig ist.

Liegt kein Salz der Orthophosphorsäure, sondern der Pyrophosphorsäure vor, so entsteht der gelbe Niederschlag erst beim Kochen der Lösung. Man wird also stets bei dieser Prüfung noch kochen, wenn in der Kälte keine gelbe Ausfällung entsteht.

f) *Ammoniumsalze:* Liegt ein reines Ammontriebsalz, wie etwa Hirschhornsalz oder Ammonbikarbonat (ABC-Trieb) vor, so verrät sich dieses in den meisten Fällen schon durch seinen Geruch. Da aber viele Backpulver manchmal geringe Mengen Ammonsalze enthalten, kocht man eine kleine Probe mit etwas Natron- oder Kalilauge im Reagensglas. Hierbei tritt ein intensiver Ammoniakgeruch auf; außerdem wird ein angefeuchteter Streifen von rotem Lackmuspapier, den man oben in das Glas (aber nicht in die Flüssigkeit!) hineinhält, blau gefärbt.

Reine Ammontriebsalze werden meist ohne Verwendung von Füll- oder Streckmitteln verkauft. Wenn man ein wenig des Pulvers in einer kleinen Porzellanschale auf dem Wasserbad trocken erhitzt, so verflüchtigt sich das Salz unter deutlichem Geruch nach Ammoniak in einiger Zeit vollständig ohne Rückstand.

Ein gut und verantwortungsbewußt geleiteter Betrieb wird auf eine regelmäßige Untersuchung und Kontrolle der angelieferten Rohmaterialien nicht verzichten und außerdem durch Stichproben aus dem fertigen Erzeugnis und Anstellung von Triebkraft-Untersuchungen sowie Backproben sich Gewißheit verschaffen über die gleichbleibende Güte des hergestellten Erzeugnisses.

70

LITERATURVERZEICHNIS

(Die Nummern entsprechen den Hinweisen auf den einzelnen Seiten.)

1. K. E b a c h : „Über Backpulver." Deutsche Lebensmittelrundschau 1942, S. 138 bis 140.
2. Chemiker-Zeitung 1915, S. 121, 204, 320, 456, 662, 744.
3. A. H a s t e r l i k : „Die Herstellung des Brotes und die Triebmittel im Bäckereigewerbe." Ferd. Enke, Stuttgart 1927, S 196—236.
4. Josef K ö n i g s : „Geist der Kochkunst", überarbeitet von K. F. v. Rumohr, Reclams Universalbibliothek, Nr. 2067—70, S 126.
5. Bekanntmachung von Grundsätzen für die Erteilung und Versagung der Genehmigung von Ersatzlebensmitteln vom 8. 4. 1918 und 30. 9. 1919. Deutscher Reichsanzeiger Nr. 84 vom 10. 4. 1918; Nr 225 vom 2. 10. 1919. Zeitschrift für öffentliche Chemie, 25, 1919, S. 233.
6. T i l l m a n n s und G u e t t l e r . „Untersuchungen über die Wirkungsweise von Backpulvern." Zeitschrift für die Untersuchung von Nahrungs- und Genußmitteln, 45, 1923, S. 102 ff.
7. Ind. engin. Chem. 21, 1929. Mitgeteilt im Chemischen Zentralblatt 1930, I, S. 3368.
8. L G r ü n h u t Zeitschrift für die Untersuchung von Nahrungs- und Genußmitteln, 25, 1918, S. 39.
9. T i l l m a n n s , S t r o h e c k e r , H e u b l e i n . Zeitschrift für die Untersuchung von Nahrungs- und Genußmitteln, 37, 1919, S. 377 ff
10. F. S e e l i g : „Untersuchung saurer Phosphate." Zeitschrift für die Untersuchung von Nahrungs- und Genußmitteln, 40, 1920, S. 206.
11. F. W i r t h l e . Zeitschrift für die Untersuchung von Nahrungs- und Genußmitteln, 35, 1918, S. 49.
12. Horst F e y · „Backtriebmittel." Seifen, Öle, Fette, Wachse. Neue Folge der Seifensiederzeitung, 74, 1948, S. 187—188.
13. H. J e s s e r . Deutsche Lebensmittelrundschau 1947, Heft 5.
14. K. R a u s c h e r : „Über Backpulver." Pharmazeutische Zentralhalle, 87, 1948, Heft 1.
15. R. S t r o h e c k e r . Deutsche Lebensmittelrundschau 1948, Nr. 5.
16. M a n n i c h : „Weinsteinersatz Tartus." Süddeutsche Apothekerzeitung, 30, 1915, S. 370.
17. K. B r a u e r : „Über Herstellung und Zusammensetzung von Backpulvern." Chemiker-Zeitung, 41, 1917, S. 722—724
18. Canad. J. Res. 14, Sect. B, 1936, S. 204—215.
19. Chemiker-Zeitung, 41, 1917, S. 325.
20. Chemiker-Zeitung, 42, 1918, S. 121.
21. P a t z s c h . Pharmazeutische Zeitung, 79, 1934, S. 515 ff.
22. E. T o r n o w : „Über die Durchführung von Backversuchen." Zeitschrift für Lebensmitteluntersuchung und -forschung. Jahrg. 88, Heft 1, S. 25 f.
23. Auszugsweise nach dem Deutschen Arzneibuch Ausgabe VI

SACHREGISTER

Als weitere Bände der Reihe

TECHNIKA

befinden sich in Vorbereitung

Dr. Werner Bötticher

Pilzverwertung und
Pilzkonservierung

Ing. Jos. Jacobs

Destillier-Rektifizier-Anlagen
und ihre wärmetechnische
Berechnung

Dr. Klaus Gäbelein

Essenzen und Aromen

Dr. Friedrich Klemm

Das Auffinden technischer
Literatur

Dr. Margarethe Haase

Konservieren
in Großküche und Haushalt

Prof. Alwin Seifert

Der Kompost
in der bäuerlichen Wirtschaft

Dr. Beatrix Hottenroth

Pektine und ihre Verwenduug

Apoth. Hans Steierl

Tablettieren und Dragieren

VERLAG VON R. OLDENBOURG, MÜNCHEN

DR. FRIEDRICH POPP

GRUNDRISS DER CHEMIE

Teil I

Vereinfachte allgemeine Chemie

Erscheint Anfang 1950

Teil II

Anorganische Chemie

Erscheint 1950

Teil III

Organische Chemie

2 Auflage, 152 Seiten, 12 Abbildungen,
4 Tafeln, Gr 8⁰, 1949, brosch. DM 6.80

In einer außerordentlich geschickten, klaren und allgemein verständlichen Form wird der Anfänger an Hand einfacher Versuche mit den chemischen Grundbegriffen und Gesetzen bekanntgemacht. Dabei sind Anordnung und Ausführung der Versuche eindeutig und übersichtlich beschrieben und mit einfachsten Geräten und Reagenzien auszuführen

Der „Grundriß der Chemie" will den bekannten Unterrichtswerken nicht in der Hinsicht Wettbewerb machen, daß alle Versuchsmöglichkeiten erschöpft werden, durch Eindringlichkeit und Beschränkung auf leicht ausführbare Versuche will er einen Weg zur Aufschließung des Verständnisses zeigen.

Es werden daher nur einige wenige, dafür aber umso wichtigere Versuchsbeispiele erwähnt, welche das Verständnis einer chemischen Beweisführung sehr erleichtern. Die wichtigsten Folgerungen aus den Versuchen sind knapp gehalten und in der Darstellung so hervorgehoben, daß sie als Merksätze besonders auffallen und die Wiederholung und das Nachschlagen außerordentlich erleichtern

VERLAG VON R. OLDENBOURG, MÜNCHEN